河南省软科学研究计划项目(项目编号:212400410236)成果

计量在推动黄河流域生态保护和高质量发展中的作用及对策研究

王晓伟　赵　辉　朱　茜　胡　博　路兴杰
邹君臣　薛重喜　师恩洁　毛　森　徐　凯　编著

U0789737

黄河水利出版社
·郑州·

图书在版编目(CIP)数据

计量在推动黄河流域生态保护和高质量发展中的作用及对策研究 / 王晓伟等编著. -- 郑州 : 黄河水利出版社,2025. 2

ISBN 978-7-5509-3772-7

Ⅰ. ①计… Ⅱ. ①王… Ⅲ. ①计量-作用-黄河流域-生态环境保护-研究 Ⅳ. ①X321. 22

中国国家版本馆 CIP 数据核字(2023)第 201602 号

组稿编辑:田丽萍　电话:0371-66025553　E-mail:912810592@ qq. com

责任编辑	陈彦霞	责任校对	鲁　宁
封面设计	黄瑞宁	责任监制	常红昕
出版发行	黄河水利出版社		
	地址:河南省郑州市顺河路 49 号　邮政编码:450003		
	网址:www. yrcp. com　E-mail:hhslcbs@ 126. com		
	发行部电话:0371-66020550		
承印单位	河南瑞之光印刷股份有限公司		
开　　本	890 mm×1 240 mm　1/32		
印　　张	3. 375		
字　　数	100 千字		
版次印次	2025 年 2 月第 1 版	2025 年 2 月第 1 次印刷	
定　　价	50. 00 元		

作者简介

王晓伟，男，1967 年生，汉族，教授级高级工程师，全国能源资源计量技术委员会委员、全国法制计量技术委员会委员。被国家市场监管总局授予“全国市场监督系统抗击新冠肺炎疫情先进个人”荣誉称号。

近几年，带领科研团队通过计量科研平台建设，取得多项新突破，填补了多项国内空白，成果涉及食品安全、环保等关键领域。直接主持或参加省部级科研项目 14 项；作为第一完成人获省科技进步二等奖 1 项，作为主要完成人获省科技进步三等奖 1 项，获厅局级科技成果一等奖 3 项、二等奖 4 项、三等奖 3 项；获国家发明专利 7 项，实用新型专利 16 项；组织研制国家二级标准物质 57 种；组织编写著作 5 部；在各类学术刊物发表专业学术论文 14 篇。

长期从事质监、计量和检验检测工作，曾任地市质监局局长、省质监局培训中心主任、技术机构院长等职。2016 年 3 月至 2023 年 2 月，担任河南省计量科学研究院院长、河南省计量标准和产品质量检验检测中心主任。

前　言

黄河流域是中华民族文明的摇篮，是中华文化生生不息的精神图腾，更是新时代推动高质量发展的重要战略承载地。党的十八大以来，习近平总书记以宏阔的历史视野和深邃的战略思维，亲自擘画黄河流域生态保护和高质量发展重大国家战略，强调要“共同抓好大保护，协同推进大治理”，为我们指明了前进方向、提供了根本遵循。

“计量是构建一体化国家战略体系和能力的重要支撑”。计量作为国家质量基础设施的核心要素，是科技创新、产业升级、生态治理的基础性工具，是推动经济社会高质量发展的“隐形引擎”。在推进黄河流域生态保护和高质量发展进程中，计量工作具有基础性、战略性、引领性作用。当前，黄河流域正处在动能转换攻坚期、生态治理关键期、绿色转型窗口期，亟需以精准计量夯实生态本底、以智慧计量赋能产业升级、以创新计量驱动动能转换。本书系统梳理计量技术体系创新实践，正是要破解流域治理中“测不准、控不精、管不细”的实践难题，构建起贯穿全流域、覆盖全要素、服务全周期的现代化计量支撑体系。

河南作为黄河流域生态保护和高质量发展的核心区域，省委、省政府深入贯彻落实习近平关于治水的重要论述，坚持“节水优先、空间均衡、系统治理、两手发力”治水思路，以进一步全面深化改革为动力，以构建新时代先进计量技术体系为抓手，出台《河南省人民政府关于进一步做好计量工作的实施意见》，积极推进国家碳计量中心（河南）建设，持续提升河南计量能力和水平，正是要以计量技术革新推动生产生活方式绿色变革，充分发挥计量在黄河流域生态保护和高质量发展中的硬支撑作用。本书的编纂，既是贯彻习近平总书记“让黄河成为造福人民的幸福河”重要指示的生动实践，也是落实党中央、国务院关于深化生态文明体制改革、构建现代环境治理体系的具体行动，更是推动黄河流域新旧动能转换、实现高质量发展的破题之举。希望广大计量工作者持续深化计量领域的改革创新,让精准测量的标尺标注生态保护的刻度,让科技赋能的量值传递高质量发展的动能,在新时代"黄河大合唱"中奏响中原出彩的壮丽乐章。

在本书的成稿过程中,承蒙多方鼎力支持与悉心指导。河南省市场监督管理局给予了全方位的大力支持,副局长王建防同志多次对本书提出宝贵的具体意见,为本书的撰写指明了方向;中国计量测试学会副理事长兼秘书长马爱文同志不辞辛劳,对全书进行了细致入微的审定,确保了内容的科学性与权威性;沿黄各省计量院同仁慷慨提供了大量翔实的资料,为本书的丰富与完善贡献了不可或缺的力量。在此,我们向所有关心、支持本书撰写的单位和个人致以最诚挚的感谢和崇高的敬意!

编　者

2025 年 1 月

目　录

前　言
第一章　计量的起源及沿革 …………………………………………… (1)
第一节　什么是计量 ……………………………………………… (3)
第二节　计量的发展历程 ………………………………………… (14)
第三节　计量监管的主要内容 …………………………………… (22)
第四节　河南省计量的发展历程 ………………………………… (30)
第二章　计量在推动黄河流域生态保护和高质量发展中的重要作用 ………………………………………………………………… (51)
第一节　计量在当今经济社会发展中的基本价值 ……………… (53)
第二节　黄河流域生态保护和高质量发展需要计量的强力支撑 ………………………………………………………………… (63)
第三章　计量在推动黄河流域生态保护和高质量发展中存在的问题 ………………………………………………………………… (75)
第一节　对计量的重要性认知度不够 …………………………… (77)
第二节　对计量的发展前瞻性认识不够 ………………………… (78)
第三节　产业计量发展需提升 …………………………………… (80)
第四节　计量管理水平还需提高 ………………………………… (81)
第五节　黄河流域碳计量发展存在的问题 ……………………… (82)
第四章　充分发挥计量在推动黄河流域生态保护和高质量发展中作用的对策与建议 ……………………………………………… (87)
第一节　加强顶层规划设计,科学谋划计量发展 ……………… (89)
第二节　优化量传溯源体系,提高基础计量服务能力 ………… (91)
第三节　改革计量管理模式,促进计量产业科学发展 ………… (93)

第四节 不断总结改革经验，稳步推进计量机构改革 …… (94)
参考文献 …………………………………………………… (97)

第一章

计量的起源及沿革

第一节　什么是计量

一、无处不在的计量

说到计量,大家可能会感到陌生,其实,计量是无处不在的。计量,是一种渗透在人们生活中方方面面的测量活动,人们的生活、生产都离不开计量,可是却又不被很多人所熟知。作为人类,我们在学会书写之前就学会了如何测量。通过测量,人们学会了计数,利用太阳计时,并利用地球上其他物体建立了长度和重量的单位。测量帮助人们成为商人、建筑师、航海家、工程师及科学家。每项发明都需要精确的测量。测量是人类获取量化信息、认识世界的技术手段。世界著名科学家门捷列夫说过:"科学是从测量开始的","没有测量就没有科学,至少是没有精确的科学、真正的科学","测量是科学的基础"。

这么讲,大家可能会觉得计量离我们很遥远。其实,这样想就错了！仔细回想一下,随便一天的日常生活中有多少行为关联着计量呢?随着晨曦初现,阳光洒满房间,你起身迎接新的一日,戴上眼镜(光学计量的应用),扫了一眼腕表(时间频率计量的一部分),开启电视观看天气预报(涉及温度计量),点燃煤气灶开始做早餐(与力学流量计量相关),使用电磁炉烧水泡制一杯咖啡(与电磁计量及电离辐射计量有关),早餐时享用一包袋装的牛奶(展现了定量包装、质量计量);接着驾驶汽车出行(涉及几何量计量),车载导航系统温柔地提示北斗卫星导航系统信号正常(关联到无线电计量和时间频率计量),车内广播报告当天的空气质量(化学计量的应用),轻触喇叭(声学计量的体现),出发上路。

由此可见,仅仅是早晨的例行活动,就已经覆盖了计量学的 10 个关键领域。人们习惯性地利用计量所提供的便利,却往往忽略了它的存在及其重要性。所以说,计量就像空气一样,虽然无形无色,但却无处不在,与人们的日常生活紧密相连。正因为如此,计量器具是否准确,直接关系着每一个市民的利益和健康。

二、计量的定义

什么是计量呢?

按照我国“汉典”中的定义,计量指的是把一个暂时未知的量与已知的量作比较,以计算大小、长短、轻重等。

《辞海》(第7版)中对计量的解释是:用一个规定的标准已知量作单位,和同类型的未知量相比较而加以检定的过程。

这两部分内容虽与测量的基本理念相仿,却未能全面展现计量的关键特征。

国家计量相关法律法规关于计量的定义为,计量是实现单位统一、保证量值准确可靠的活动。这里面包括两个方面的意思:

(1)计量单位的统一。

在这里利用几个通俗的例子来说明:1米到底是多长?1斤到底是多重?河南省的“1米”和河北省的“1米”是不是一样长?河南省的“1斤”和河北省的“1斤”是不是一样重?这就需要计量工作行政管理部门做出规定,建立一套法定计量单位体系,即国家认可的计量单位体系,有助于实现单位的统一。从历史上讲,中国的度量衡制度始于秦代。

(2)计量量值准确可靠。

当国家统一了计量单位,即规定了“1米是多长”“1斤是多重”后,就要制造一支“1米的标准尺”、一个“1斤的标准砝码”,作为统一全国长度、重量单位的唯一的标准器具,称为计量基准器具(简称计量基准)。全国所有在用的尺子、秤都和计量基准器具相比较,这样全国的尺子、秤的计量单位都统一了。

由于国家计量基准器具的唯一性、特殊性、精密性，不可能和全国的尺子、秤相比较。这就需要各个省、市建立低一级的计量标准器具（简称计量标准），用科学的手段来复现国家计量单位（米基准、砝码基准）的量值，通过科学的方法去检定全国在用的尺子、秤。

简要地说，通过检定或其他形式的传递，从计量基准出发，将单位量值传递给下一级计量标准，再依次递减至实际使用的计量器具，以此确保测量值的一致性和准确性，这个流程即为量值传递。

三、计量的量值传递体系

计量的工作遵循两条路径：一条是自下而上，称为量值溯源；另一条是自上而下，称为量值传递。量值传递体系示意见图 1-1。

量值传递的本质是通过检定或校准的方式，将国际或国家计量基准所确定的每种可测量量值，从较高精度向较低精度逐步传递至实际操作中的计量器具。国际或国家计量基准构成了特定量值的起始点，这些基准代表着该量值最精准的标准。从这一起点开始，量值沿传递链向下传播，其精确度随之逐渐降低，最终应用于生产和科学研究的实际测量中，形成了一个连续的量值体系系统。

量值传递是自上而下逐级传递。在每种量值的传递体系中，国家计量基准具有唯一性。我国的量值传递体系包括 7 个大区级国家计量测试中心。大部分国家计量基准保存在中国计量科学研究院，设在上海市计量测试技术研究院的华东国家计量测试中心也保存有 2 个国家计量基准。同时，各级法定计量检定机构负责设立社会计量标准，政府部门则需要根据实际需要进一步细化计量标准，包括企事业单位，也需要在此基础之上，建立符合自身需要的内部计量标准。工作计量器具广泛地应用于生产、科研、商业活动及日常生活中。

作为计量体系的塔尖，计量基准的准确与否，直接关系到整个测量结果的正确与否。

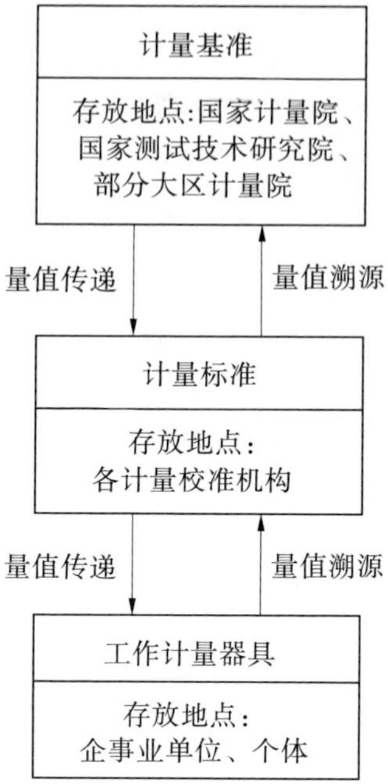

图 1-1　量值传递体系示意

四、计量的特点

计量作为一种特殊形式的测量,不仅遵循通用的测量原理,还特别强调一致性和准确性。可以说,准确一致的测量定义了计量的本质。这种标准化且高精度的测量方式推动了全球经济的协同发展。计量涉及整个测量领域,并按法律规定,对测量起着指导、监督、保证的作用。计量是由古代“度量衡”的概念逐步衍生而来的。计量在 1949 年以前称为“度量衡”,在 1959 年正式启用了“计量”这一术语,它取代了延续几千年的传统度量衡系统,并增加了更加丰富的内容。

计量具有 4 个最重要的特征:准确性、一致性、溯源性和法制性。而普通意义上的测量并不必具备这些特征。

为了确保量值的准确性和可靠性，除依靠科学技术手段外，还需要有相应的法律、法规和行政管理的支持。比如，秦始皇统一六国后，以法律的形式统一了全国的度量衡制度；美国建立联邦制国家时，联邦政府将 6 项权力写入宪法归中央政府控制，其中第三项即度量衡管理权；这均体现出计量的法制性。

五、计量的重要性

计量代表着国家主权，是实现国家统一的重要手段。许多发达国家都非常重视计量的作用。比如，美国、德国和英国等超过 20 个国家已经将计量（度量衡）写入宪法，将其视为中央政府的责任以及统一管理国家的基本要求。

科学的计量检测技术、先进的制造设备与高品质的原材料被看作是现代工业进步的三大支柱。同时，计量也是保障经济稳定运行和公平交易的基础。根据来自美国和英国的专业机构的研究表明：

（1）对于工业化国家而言，测量活动对其 GDP 的贡献比例在 4%～6%。

（2）超过 80%的贸易活动需要通过计量来完成。因此，计量常被比喻为工业生产的“眼睛”。

（3）政府在计量基础设施方面的投资符合高投资回报率和高社会价值的要求。

计量是科学技术发展的基础，在历史上的 3 次科技革命中，计量测试技术的突破都起到了关键作用。每一次工业发展或者是工业革命，或者叫作科技革命，其实和计量的变革都息息相关。由于测量精度的提高，它会带来一系列对世界的新认识。有了新的认识，就会提供一些新的机遇，就会带来新的产业。可以说，没有计量就没有现代制造。

计量技术的发展支撑着社会发展的各个方面，计量技术的创新引领着科技和产业的创新。没有相应的测量技术不可能有新的科学知识。准确有效的测量是认识世界的基础,更是改造世界的前提。

举例:时间频率计量在国民经济、科学研究、军事领域都有非常重要的应用,目前,高精度的时间频率技术已被广泛应用在各个领域。我们每天打开手机,都要使用的卫星导航,需要天上有30颗以上的卫星支持,每个卫星上都有1个小时钟,4颗卫星的4个时间信号,就解出来手机的高度、纬度、经度和时间,也就是定位,整个系统的时间同步到10^{-14}才能使人类的定位准确到米。如果时间不准确,定位就不准确。为了让高精准度的秒定义的时间为我们服务,就要建立由铯原子喷泉钟驾驭的原子时标国家时间频率基准。

河南省作为农机、盾构机、加油机、气体传感器、磨料磨具等产业的制造大省,如果没有强有力的计量基础支撑,是无法实现高质量发展的。截至2023年,河南省已获准筹建3家国家级别的产业计量中心,这3家机构对整个中西部地区相关产业集群发挥了重要作用。另外,结合本地区自身情况,河南省还批准继续筹建4家具有省级资质的产业计量中心,这4家计量中心主要计划负责烟草、交通等领域的计量测试相关问题。随着时代的不断向前发展,这些计量中心能够发挥的指向性作用更为显著,能够极大地推动地区产业质量迭代升级,推动区位产业革新,对引领产业科学健康、高质量发展具有重大战略意义。

六、计量的分类

从社会属性角度考量,计量可以划分为法制计量、科学计量和工业计量三大类,分别代表着计量的公益特性、基础研究特性和应用特性。

(一)法制计量

法制计量致力于保障公众安全、推动国民经济和社会发展,基于法律、技术和行政管理的要求,由政府或其授权机构执行强制性管理。这涵盖了计量单位、计量器具(尤其是基准和标准器具)、计量方法及计量人员专业技能的具体规定与要求。法制计量着重于处理存在利益冲突或具有特殊重要性的领域，比如安全防护、医疗卫生、环境监测及贸易结算等。典型的应用实例包括衡器、压力表、电能表、水表、煤气表和血压计等。

（二）科学计量

科学计量的研究聚焦于基础性、探索性和前沿领域的探究，包括计量单位体系、基准与标准制定、物理常数测量、误差评估、不确定度分析及数据处理方法等。

（三）工业计量

工业计量，也称为工程计量，应用于各种工程和工业企业，涉及能源与原材料消耗计量、生产过程监控、产品品质和性能测试等领域。工业计量在各个行业中得到广泛应用，是常规的计量实践。

依据科学特性，计量被划分为 10 个核心领域：长度计量（几何量计量）、热力计量、力学计量、电磁计量、无线电计量、时间频率计量、电离辐射计量、光学计量、声学计量和化学计量。

七、法制计量管理的范围

（一）计量监管

计量监管在计量管理中发挥着至关重要的指向性作用。其主要职能是监督相关职能组织的重要管理模式，体现了国家机器与地方政府之间、国家机器与区域职能部门之间的相关计量监督职能作用。

我国的计量监督管理实行按行政区划统一领导、分级负责的体制。具体来讲，在权限监督方面，由国务院计量职能部门负责统一监督管理。县级以上地方行政区域内的计量工作实施分级管理，相应的计量行政部门则承担起对该区域内的计量事务进行监督管理的责任，这些部门即是该区域内的法定计量监督管理机构。

（二）型式评价

型式评价是在计量器具上市前的一项重要监管措施，它涵盖了对器具型式的计量性能、技术标准及法制管理要求的全面技术评估。这项评价构成了型式批准的一个重要组成部分，同时也是实施计量器具法制管理的技术环节之一。

简单来说，就是企业想要上市一款新的计量器具，就需要先生产出少量样机，只有样机型式评价合格之后，才能进行批量生产，这样才能保证产品的质量。

（三）计量检定

检定是计量器具上市后的一项关键监管手段，它是指按照法定程序来验证测量仪器是否满足合规要求的过程。检定具有法律效力，主要针对法制管理范围内的测量仪器。依据我国法律的规定和检定的实际需要，检定分为强制检定和非强制检定两大类。

（1）强制检定活动源于国家的需求，致力于维护公共安全和促进经济与社会进步。这类检定由政府计量行政部门或其授权的法定计量机构负责实施，主要针对纳入强制检定目录的计量器具，尤其是涉及贸易结算、安全防护、医疗保健与环境监测等关键领域使用的设备。此外，对于社会公用计量标准及各级机构的最高计量标准，我国同样施行强制检定。

（2）非强制检定指的是使用单位自主或委派具有资质的社会公用计量标准持有者或授权计量机构，对不属于强制检定范围内的计量器具进行定期校验的过程。这一过程的特点是使用单位能够自主管理、自由选择检定机构、追溯路径以及确定检定周期。

不论是强制检定还是非强制检定，都属于法制检定的一部分，是我国依法管理计量器具的关键手段之一，都需严格遵守相关法律规章。不按照规定进行周期性检定将会承担法律责任。

（四）校准

校准指企业为实现提高自身质量的目的，确保计量器具测量数据可靠，以自愿为基础，技术机构应按照规定的条件，执行一系列操作来确定计量器具与计量标准之间量值的关系。

校准的主要目的是确定示值误差，通俗来讲，就是通过计量标准和指定的方法确定这台设备测得的数据准不准。

（五）检定和校准的区别

总体来说，检定是以国家需求为主导，校准是以企业需求为主导；检定具有法制性，校准具有自愿性；检定侧重于结果合格与否，校准侧重于提供数据。

八、实验室认可与资质认定的区别

（一）定义

实验室认可指的是由权威机构对检测或校准实验室及其人员有能力进行特定类型的检测，校准做出正式承认的程序。在我国，具备该资质的机构是中国合格评定国家认可委员会（CNAS），而具体的能力考核和评价依据国际标准《检测和校准实验室能力的通用要求》（ISO/IEC 17025：2017）。该认可严格依据相关的国际标准。因此，实验室认可是一项国际通用的活动。

中国的资质认定被视为一种具有本土特色的实验室认可模式，也可称作中国版的实验室认可。其评估标准来源于《检验检测机构资质认定管理办法》《检验检测机构资质认定评审准则》。这些标准的认可依据是 ISO/IEC 17025:2017 等国际标准,并在此基础之上,结合我国的实际需要确定。

(二)区别

实验室认可属于市场行为,属于社会公信力的范畴,由 CNAS 负责组织和运行,数据和结果得到国际的认可。

资质认定具有强制性特征,所有需要向社会提供公正数据的实验室都必须申请并通过资质认定。资质认定属于政府行政许可的范畴。资质认定分两级实施,国家级资质认定由国家市场监督管理总局实施,地方级资质认定由省级及以下市场监督管理局实施。其检测数据和结果在国内有效。

九、计量与标准、检验检测、认证认可的关系

举例:生产一张“办公桌”的故事。

假如社会(市场)上原本没有“办公桌”这样的物品,怎样去生产一张满足需要的“办公桌”呢?几个工匠在一起开始研究。

首先遇到的问题就是“办公桌”要做成什么样的?多长?多宽?多高?表面是什么样的?是什么颜色?工艺是什么?工装是什么?如何实现大规模生产?等等。这就需要制订一个技术要求,或制作技术规范,制作规范起草后几个工匠一致同意发布实施,共同遵守。这个技术规范就是“标准”。

“标准”发布了,下一个问题就来了,1 米到底是多长?几个工匠执行的长度单位“1 米”和别人的“1 米”是不是一样长?“质量”是不是一样重?用什么东西去测量?测量得准确不准确、可靠不可靠?别人承认不承认?等等。这些长度单位的规定、测量工具准确性和可靠性的保障就是“计量”。

几名工匠根据国家规定的计量单位,按照“标准”生产了一批“办

公桌”。这时，问题又出现了，如何确定这一批“办公桌”是合格的？是否符合“标准”要求？那么，就需要有熟悉检测的人员利用特定的器具在一定的条件下对“办公桌”进行测量或检验。这就是对出厂产品的“检验检测”。

对“办公桌”进行“检验检测”后，出具了“产品合格证书”。这时，问题又出现了。这个“产品合格证书”别人相信吗？市场上认可吗？国际上互认吗？这就需要一个第三方权威机构对检验检测“办公桌”的实验室或组织按照国际惯例或国家有关规定对其技术能力、人员技术水平、管理制度、环境条件等进行综合确认。这就是“认证认可”。

十、计量与知识产权保护

《计量发展规划（2021—2035 年）》强调了持续创新与改革的引领作用。聚焦全球科技的尖端领域和国家的重大战略需求，致力于计量科技的创新进步，加强在基础、前沿和应用领域的计量技术研究，特别是在计量技术薄弱环节，推动计量领域的产学研深度合作，实现创新的协同效应。加强计量的根基研究，激发创新的内在动力，提升计量学科的基础理论及关键技术的创新能力。习近平总书记曾明确表示：“创新是引领发展的第一动力，保护知识产权就是保护创新。”在这样的新形势下，实现科技创新，拓展计量领域的市场空间，提升产品竞争力，实现产业化发展成为计量行业的转型、奋斗的目标，强化知识产权保护也成为计量行业提升自主创新能力的客观需要。由此可以看出，提高计量行业知识产权质量、加强计量行业知识产权管理迫在眉睫。

在探索和掌握具有独立知识产权的核心测量技术和设备方面，支持攻克产业发展中的普遍和关键技术挑战，积极推进重要的计量科技创新项目，是有效解决制约产业发展的计量技术难题的关键方法。

实现科技创新，拓展计量领域市场空间，提升产品竞争力，实现产业化发展是计量行业转型、奋斗的目标，强化知识产权保护也成为计量行业提升自主创新能力的客观需要。

第二节 计量的发展历程

纵观计量学发展的全球历程,我们能够根据不同的计量基准,将计量学的发展划分为3个阶段:古代计量时期(19世纪末之前),计量基准主要依赖于人体或自然物体;近代计量时期(1875—1960年),计量基准转变为宏观实物;现代计量时期(1960年至今),计量基准以自然常数为基础。

一、古代计量

(一)古代计量概况

计量有悠久的历史,有关文字记载和器物遗存证明,早在数千年前,为了适应生产、贸易和税收等基本需求,诸如古埃及、古巴比伦、古印度和中国等古文明,便着手对尺寸、面积、空间和质量进行精确的测量。

在中国的历史长河中,这种测量行为被称作"度量衡",它不仅历史悠久,而且传承至今。根据古代文献的记载,可以追溯到大约公元前21世纪,传说中的黄帝已经制定了包括"衡、量、度、亩、数"在内的5种度量单位。在舜帝统治时期,他特别强调了"协时月正日,同律度量衡"的重要意义。而大禹在治理水患和划分国土时,运用了规矩和准绳等工具,对土地进行了细致的测量和规划。在度量衡的实践中,古代中国人经常使用人体的某些部位或者自然界中的物体、植物的果实等作为参照标准,比如通过"布手知尺""掬手为升""取权为重""迈步定亩"等方法来进行度量。关于周代(约公元前1037年)的度量衡,《礼记》记载,"周公六年,颁度量而天下大服"。《周札》中提到,在周代,内宰负责发布度量衡的法规，大行人负责分发度量衡器标准，合方氏负责监察和审核，司事负责处理地方事务，质人负责市场的管理。到了公元前221年，秦始皇统一了六国，随即颁布了诏书，将秦国的度量衡制度以国家法令的形式推广到全国各地。秦国还制造了大量的度量衡标准器，并建立了定期的校验制度。

我国的历史源远流长，计量发展最早可以追溯到上古时期。早在先秦之前就有了“自然基准”的相关概念。汉代，我国就能够通过声波来确定长度单位，例如“黄钟律管”，就是通过钟声的共鸣声频来计算传播的距离。西汉时期，我国就能够通过漏刻来计算时间单位。新朝的王莽更是发明了青铜卡尺，该器具和当代的游标卡尺更是有异曲同工之妙。该卡尺领先了世界足足几千年。新莽嘉量，作为一种容量统计单位，也具有跨时代的里程碑意义。在我国，计量单位并不仅仅是技艺提升的体系，更是象征着一个王朝的荣辱兴衰。比如，在我国故宫里陈列的鎏金铜嘉量和日晷等，就能够很好地彰显清政府当时的统治权威。我国古代计量具有光辉的一页。

在这一时期，计量的主要特点是采用人体部位和自然界中的物体作为度量的基础。

(二)古代计量基准不统一造成的度量衡混乱

古代计量是混乱的。在古代，科技未普及且工艺水平有限，所选作计量基准的事物通常不够稳定，使得早期的度量单位在全球各地都呈现出混乱状态。即使在一个国家内部，度量衡也在不断地变化，或者说它的单位也在不断地发生变化。在战国时期，一尺是23.1厘米，那么七尺男儿只有1.62米。而到了南北朝时期，一尺就已经是24.5厘米了，那么七尺是1.72米，这还是合理的。但是到了宋代以后，一尺就已经是32厘米了，那么七尺男儿就是2.24米。到了清代，一尺的长度大约为32厘米。而现在一尺被定义为33.3厘米，这意味着“七尺男儿”的身高如今很可能只能在国家篮球队中找到。

事实上,这种混乱现象在世界不同地区的历史发展进程中都有所体现。比如,一英尺的标准曾经是成年男子的一只脚长,一码则是根据亨利一世从鼻尖到伸直手臂后的指尖的距离来确定的,一英寸的长度接近于一个大拇指的宽度。

这种混乱的局面,促使国际社会达成共识,签订了《米制公约》。工业革命后,度量衡的不一致对科研和贸易产生了重大影响。18 世纪末期,法国科学院提出,我们是否能用地球作为标准物质来定义我们的标尺。如果是这样的话,全世界都是统一的一个标尺。法国科学家通过精确测量敦刻尔克到巴塞罗那之间、穿过巴黎的子午线弧度,然后推算出整个穿过巴黎的子午线的总长,把它的四千万分之一定义为米,做成了由金属箔制作的尺子,保留在法国档案馆,这就是著名的档案米尺。

二、近代计量

1875 年,在法国举行的米制外交会议上,17 个国家的代表共同签署了《米制公约》,这标志着近代计量的诞生。新建立的计量体系打破了古代传统的束缚,满足了工业化时代的需要。随着这一进程的发展,计量标准得到了统一,国际计量局成为全球量值的权威来源,各国也相继成立了国家级的计量机构,并且国际单位制(SI)应运而生。国际单位制是一个全球性的计量框架,它包含了 7 个基本单位及其衍生单位。其中,米用来衡量长度,千克用来衡量质量,秒用来衡量时间,安培用来衡量电流,开尔文用来衡量热力学温度,坎德拉用来衡量发光强度,摩尔用来衡量物质的数量。这套单位制确保了全球测量结果的一致性和可靠性,为国际贸易、工业生产、技术创新和科学研究奠定了坚实的基础。

在这一时期,计量基准主要依据经典物理学理论下的宏观实体来确定。例如,“米原器”是以地球子午线长度的四千万分之一为基准制作的；“千克原器”的标准是1立方分米纯水在其密度最大时的质量；秒作为时间的基本单位，是参照地球绕太阳公转的周期来界定的；而安培作为电流单位，则由两条带电导线之间的相互作用力来定义。这些定义共同构成了被全世界广泛采纳的测量系统。然而，这一国际计量标准并非完美无缺，随着时间的推移，基准物质可能会遭受腐蚀、磨损，或是受到自然现象的影响导致量值出现细微变化。此外，复现技术的局限性也使得其精确度难以进一步提升。

三、现代计量

现代计量体系的核心——国际单位制，在1960年的国际计量大会(GPM)上被确立。它不再依赖于经典的宏观实体作为基准，而是转向以量子物理学原理和基本物理常数为基础的微观自然标准，以此来保证基本单位的长期稳定性。目前，已被正式采用的量子基准涵盖：时间单位——秒(s)，长度单位——米(m)，电压单位——伏特(V)，电阻单位——欧姆(Ω)。

2011年10月的第24届国际计量大会上，决定以普朗克常数重新定义质量单位——千克(kg)，用基本电荷e重定电流单位——安培(A)，利用玻尔兹曼常数 k_B 重标温度单位——开尔文(K)，并借助阿伏伽德罗常数 N_A 重设物质的量单位——摩尔(mol)。

2018年11月16日，第26届的国际计量大会通过表决，全票通过了关于修订国际单位制的1号决议。此决定意味着千克、安培、开尔文和摩尔的基础定义经历了一场彻底变革，从实物基准转向普朗克常数、基本电荷、玻尔兹曼常数及阿伏伽德罗常数等物理常数。这些新定义于2019年5月20日正式启动，标志着计量科学步入了一个崭新的阶段。

四、量子化时代的计量变革

过去我们通常觉得一把实物的尺子或者一个砝码,精度就足够高了,对精度的要求没有那么高。但随着科学和工业的发展,原先的实物基准已无法满足日益增长的精密测量需求。即便是在50年前修订秒的定义时,人们也不清楚其长远的应用前景;但半个世纪以来,频率测量的精确度提高了千万倍。目前,高精度的时间频率技术在卫星导航、5G通信、电力系统、交通运输和金融结算等领域得到广泛应用,为未来的科技进步铺平了道路。

(一)为什么要实现国际单位的量子化

举一个大家中学都学过的例子,1千克的质量标准,源于一个直径和高度均为39毫米的铂铱合金圆柱体,这个著名的实体就是国际千克原器(见图1-2),是全世界所有的砝码和质量计量工作的量值溯源源头。国际千克原器一直存放在法国的国际计量局,为了保持量值统一,大家要定期拿自己国家的砝码,到国际计量局去比对。尽管国际千克原器被里三层外三层保护得很严密,但是100多年以后,大家还是发现自己的砝码和国际计量局的砝码逐步偏离,有的是往正偏离,有的是往负偏离。那么到底是国际计量局的砝码原器变了,还是大家的都变了,谁也不知道。这就表明随着时间的推移,随着要求测量的精度越来越高,这个砝码已经无法肯定是不是准确的了。那么在认识自然、利用自然过程中,如何去确定对自然的衡量是不是准确的呢?

科学界力求提升计量的准确度与统一性,因此转向使用全球认可的自然常数来定义单位标准,而非依赖具体的实物。

(二)铯原子钟的诞生开启国际单位量子化时代

随着人类对微观量子研究的不断深入,在1967年的第13届国际

图 1-2　国际千克原器

计量大会上,科学家们决定采用铯原子基态能级间的跃迁频率来重新界定“秒”,这标志着时间单位从天文秒向原子秒的转变,开启了计量单位量子化的历程。这种铯原子钟的新定义摒弃了传统的机械指针,也没有齿轮,只有激光束、光学镜组和铯原子气。这种铯原子钟能达到 4 000 万年不差 1 秒的精度。

说到这里,可能有人会问,我平时戴的手表就这么小一点,我觉得很简便,差个一秒半秒的调一下又有什么关系呢?科学家费这么大的劲,做一个精度这么高的原子钟有什么用呢?下面举一个例子就能明白其中的原因了。

随着计量科学的不断发展,高精度的卫星导航定位(见图 1-3)早已经时刻服务于我们的生活。卫星导航在国民经济、科学研究、军事领域都有非常重要的应用。它的出现,让我们现在的出行变得非常方便,让我们完全脱离不了它、依赖于它了。那卫星导航高精度定位的核心技术是什么呢?是时间,高精准度的秒定义的时间!现在天上用于导航的卫星有 30 颗以上,每颗卫星上都有一个小原子钟,4 颗卫星的 4 个信号,就能得出接收机的高度、纬度、经度和时间,这样就定位了。整个系统的时间要同步到 10^{-14} 才能使定位准确到 1 米，如果时间不准了，定位就不准了。为了让卫星导航每天为我们服务，就要建立由铯原子喷泉钟驾驭的原子时标国家时间频率基准。

图 1-3 卫星导航定位

也就说明，我们国家的北斗卫星导航系统定位精度跟计量技术的提高有着重要的关系。

（三）“米”的量子化

在基本单位“秒”完成了量子化定义后，第二个被重新定义的基本单位就是米。1983 年的第 17 届国际计量大会进一步推进了这一进程，通过引入光速不变量，并结合已实现量子化的秒，对“米”的定义进行了更新。由此，“米”成为继“秒”之后第二个实现量子化的基础单位。自此极大地提高了测量精度，扩大了测量范围，使电子芯片加工和纳米材料也成为可能。

实际上，现在使用的扫地机已经加上了激光测长的功能。第一代扫地机是撞到哪儿就来回撞，来回走。而第二代的扫地机已经可以实现对用户的房型进行准确测量，设计扫地路线，然后准确地把家里打扫得非常干净。

(四)国际单位(SI)的全面量子化及其重要意义

可以这样说,每一次计量基本单位的量子化,都会给现代科学技术发展带来跃迁式的发展。新技术随着新定义产生,给我们带来了一个新的生活模式和方式。

经过全球计量学家的持续奋斗,基于量子物理的自然基准逐一替代了计量基本单位定义中的实物标准。到了 2018 年 11 月 16 日,最后一个采用实物基准的基本单位——千克,也被科学家成功转换为量子基准,这是最后一个以实物基准定义的国际单位,这意味着国际千克原器终于可以卸任了。

2018 年 11 月 16 日,在法国巴黎举办的第 26 届国际计量大会上,含中国在内的 53 个国家一致同意并通过了关于国际单位制(SI)的修订。这一决议确立了采用物理常数来界定“千克”(质量)、“安培”(电流)、“开尔文”(温度)及“摩尔”(物质的量)这 4 个 SI 基本单位的新方法,新的定义自 2019 年 5 月 20 日起开始施行。

这一天虽然看似平凡无奇,却标志着人类文明进步的一个重要的里程碑！这一天,将是人类计量史上最为重大的历史性变革之一。第一次,世界上所有的测量单位,都将由自然界的基本法则准确定义,自此我们度量自然世界的“尺子”将不会变化。这也是“520 世界计量日”如此重要的原因。

国际单位制的重新定义,对先进制造业、医疗保健、新能源等产业带来长远的影响。尽管从表面上看变化并不明显,就像为一栋建筑打下了更为坚实的基础,不会即刻影响我们的日常生活,但从专业视角来看,国际单位制的改革已彻底改变了全球计量体系及其格局。

国际单位制修改后,通过采用芯片级量子计量基准,能直接为制造设备提供顶级的测量精度,并确保其长期稳定。这使得对生产流程进行更加精准和稳定的监控与调控成为现实,进而有效促进工艺优化、节能降耗及品质提升。这将为当今全球范围内兴起的新一轮科技革命注入飞跃的驱动力,其特征在于信息技术、大数据与人工智能。

这一转变将催生新的测量原理、方法和技术。集成多参量且高精度的微型化测量设备,能在各种环境中持续可靠地进行实时测量而无须定期校准,实现对多种物理量、化学量乃至生物量的极限测量,这将彻底革新测量仪器的设计与形式。这对我国实现“科技强国”的战略目标、进军高端制造业而言,既是一次重要的机遇,也面临着重大的挑战。

借助量子测量技术和计量基准的创新,现在可以随时随地获取精准的标准。这表明在日常生活及工作中,能够应用极其准确的“标尺”。这种普及的高精度测量将直接促进市场公正交易、精准医疗服务,同时也有利于环境保护与节能减排等多个领域的发展。它将进一步增强社会诚信体系,降低管理成本,并且在广泛的范围内提高人们的生活质量,从而推进社会的整体进步。

第三节　计量监管的主要内容

根据《中华人民共和国计量法实施细则》(简称《计量法实施细则》)规定,国务院计量行政部门和县级以上地方人民政府计量行政部门负责监督和贯彻实施计量法律、法规,主要任务如下:

(1)贯彻执行国家计量工作的方针、政策和规章制度,推行国家法定计量单位;

(2)制定和协调计量事业的发展规划,建立计量基准和社会公用计量标准,组织量值传递;

(3)对制造、修理、销售、使用计量器具实施监督;

(4)进行计量认证,组织仲裁检定,调解计量纠纷;

(5)监督检查计量法律、法规的实施情况,对违反计量法律、法规的行为,按照《计量法实施细则》的有关规定进行处理。

计量监管的关键内容如下。

一、法定计量单位的推广和管理

健全我国计量单位制度。持续实施计量单位使用情况的专项监督与审查,以促进更严格的管理和标准化应用。与此同时,要深化计量单位制的数字化科学研究,并加速国际标准在国内的应用。还需加大法定计量单位的社会普及力度,提高公众的知晓度和使用精确度。必须严格遵循《非法定计量单位限制使用管理办法》的规定。

例如:应该加强对法定计量单位使用的监管力度,在出版领域确保法定计量单位的准确使用,并及时修正任何偏差。要加大对法定计量单位的宣传力度,引导社会各层面树立正确的使用观念,进而提升出版工作的整体品质。

例如:中医理论中依然存在着一些非标准化的计量单位使用情况,计量单位的名称、符号及其书写形式在医学论文中存在混淆不清的现象。这类不规范的量和单位表述不仅会削弱论文的品质和可靠性,还可能造成理解上的偏差,甚至酿成医疗安全事故。

二、对法定计量检定机构的监督管理

法定计量检定机构根据法律规定成立或获得授权,由计量行政部门管理,主要职责是保障我国计量单位的一致性和量值的准确性,同时提供必要的技术支持,以确保计量监督工作的依法进行。《中华人民共和国计量法》(简称《计量法》)、《计量法实施细则》和《法定计量检定机构监督管理办法》对这些机构的组织架构、职能和监督措施都有明确的规定。

三、对计量授权的监督管理

计量授权是县级以上人民政府的计量行政部门依法向其他部门或

单位的计量检定机构或技术机构授予的权力，使其能够执行《计量法》规定的强制检定和其他检定、测试任务。

根据《计量法》和《计量法实施细则》的相关规定，国家市场监督管理总局于2021年4月2日通过第38号令对《计量授权管理办法》进行了修改。新修改的管理办法对计量授权的性质、授权方式、授权条件、授权流程及监督机制都进行了明确的阐述。

四、计量基标的建立和法制管理

《计量法》明确指出，国务院计量行政部门负责建立各种计量基准器具，作为统一全国量值的最高依据。按照《计量法》的规定，县级以上地方政府的计量行政部门根据本地区的需要基于地区实际需求，建立社会公共计量标准器具，经上级人民政府计量行政部门主持考核合格后使用。

五、标准物质的法制管理

根据《计量法实施细则》的规定，用于统一计量量值的标准物质也属于计量器具。遵照《计量法实施细则》的相关要求，原国家计量局发布了《标准物质管理办法》。该办法适用于管理各种标准物质，这些物质用于统一计量数值，包括化学成分分析、物理特性与物理化学特性测量、工程技术特性测量等多个领域。

《标准物质管理办法》明确要求，企事业单位在制造标准物质新产品时，应经过定级鉴定，并通过评审取得标准物质定级证书。

六、计量检定的法制管理

根据《计量法》的规定，县级以上人民政府计量行政部门对社会公共计量标准器具,各部门及企事业单位所使用的最高计量标准器具,以及用于贸易结算、安全防护、医疗卫生、环境监测方面的列入强制检定目录的工作计量器具进行强制检定,未经检定或检定结果不合格的器具不允许使用。

七、非强制检定计量器具的管理

根据《计量法实施细则》的规定,企事业单位应配置与其生产、科研及经营管理相适应的计量检测设施;同时,制定详尽的检定管理办法和规章制度,规定本单位管理的计量器具的明细目录及相应的检定周期,以此确保非强制检定的计量器具能定期接受检定。

八、计量仲裁检定的管理

根据《计量法》的规定,对于涉及计量器具准确度的争议,应当以国家计量基准器具或社会公用计量标准器具的检定数据作为裁决依据。

计量仲裁检定的实施与管理应依据《仲裁检定和计量调解办法》的规定来进行。

九、计量检定印、证的管理

根据《计量检定印、证管理办法》的规定,法定计量检定机构在执行检定任务和县级以上政府计量行政部门授权的技术机构在执行规定的检定时,出具检定证书或加盖检定印时,均需遵守此办法。

十、计量检定和校准人员的管理

根据《计量法》的规定,执行强制检定和其他检定测试任务的人员,必须经考核合格。根据《计量标准考核办法》的规定,建标单位应当为每项计量标准配备至少 2 名具有相应能力并满足有关计量法律法规要求的计量检定或校准人员。

十一、注册计量师的管理

注册计量师是指经考试获得相应级别执业资格证书并通过合法注册的专业人士,他们负责执行特定范围内的计量检定工作。注册计量师需根据国家法律、法规的规定来开展执业活动。注册计量师的职业资格制度是根据《计量法》《计量法实施细则》和国家职业资格制度的有关规定建立的。

十二、计量器具产品的法制管理

纳入法制管理的计量器具是指那些列入 2020 年 10 月 26 日国家市场监督管理总局公布的《实施强制管理的计量器具目录》中的设备,其监管形式包含“型式批准”和“型式批准、强制检定”。对于这些计量器具,需要获取“型式批准”或许可证;而对于进口的这些器具,则须获得进口计量器具的“型式批准”。对于不在上述目录中的其他计量器具,则无须申请“型式批准”或进口计量器具的“型式批准”。

《计量器具新产品管理办法》对新的计量器具的管理进行了详尽的规定。

十三、进口计量器具的管理

任何单位和个人进口计量器具,以及外商或其代理人在华销售这些器具时,都必须遵守《中华人民共和国进口计量器具监督管理办法》和《中华人民共和国进口计量器具监督管理办法实施细则》的规定。

对进口计量器具的监督管理范围依据《中华人民共和国依法管理的计量器具目录》确定。根据《实施强制管理的计量器具目录》，进口计量器具必须获得“型式批准”的规定，而该目录中规定的监管途径包括“型式批准”和“型式批准、强制检定”。

国务院计量行政部门承担全国进口计量器具的统一监督管理职责。县级以上地方人民政府计量行政部门则在其管辖范围内依法监管进口计量器具。

十四、商品量的计量监督管理

加强商品量的计量监管是全球各国法制计量的核心任务之一，在我国也同样受到高度重视。为此，国家出台了一系列法规，诸如《零售商品称重计量监督管理办法》《定量包装商品计量监督管理办法》《商品量计量违法行为处罚规定》等，并制定了国家计量技术规范《定量包装商品净含量计量检验规则》(JJF 1070—2023)等，这些构成了我国对于商品量和定量包装商品生产企业管理的基础。

十五、产品质量检验机构计量认证

按照《计量法》的规定，为社会提供公证数据的产品质量检验机构，必须经省级以上人民政府计量行政部门对其计量检定、测试的能力和可靠性考核合格。

《计量法实施细则》进一步指出，向社会提供公证数据的产品质量检验机构，必须经省级以上人民政府计量行政部门计量认证。

2006 年 2 月 21 日，基于《计量法》《计量法实施细则》《中华人民共和国认证认可条例》等法律法规，国家质量监督检验检疫总局公布了《实验室和检查机构资质认定管理办法》，以此替代了国家计量局早前发布的《产品质量检验机构计量认证管理办法》。之后，在 2015 年 4

月 9 日,上述管理办法更新为《检验检测机构资质认定管理办法》,并于 2021 年 4 月 2 日通过《国家市场监督管理总局关于废止和修改部分规章的决定》完成了对这一规定的进一步完善。

十六、组织编制、发布实施计量技术规范

计量技术规范涵盖了国家计量检定系统表、计量检定规程、计量器具型式评价大纲等技术文件。这些规范在确保量值传递与溯源的过程中扮演着核心角色,有助于保证计量基准及标准测量结果的精确性和可靠性,同时也是实施计量法制管理的基础。

十七、计量标准考核的法制管理

《计量法》有相关规定和要求。计量标准是关键工具,用于检定或校准其他计量标准及工作计量器具。它肩负着从国家计量基准向下游传递量值的重任,发挥着连接上下级标准的作用。这是确保国家单位制统一、量值传递准确一致的基础途径,起到了将计量基准量值带入国民经济和社会生活的桥梁作用,是支撑经济与科技发展的基础。诸多因素影响计量标准,为确保量值传递的标准化、精确性和一致性,国家推行了计量标准考核体系,并将其纳入行政许可管理。

十八、组织计量比对

计量比对是实施计量证后监管的重要手段。通过比对过程,能够评估各计量检定机构测量结果的一致性,验证这些机构计量标准的可靠性,并检查它们的检定结果是否在规定范围内。此外,这一过程还能够测试各实验室工作人员的技术能力和数据分析技能,有助于识别问题并积累宝贵的经验。

十九、组织实施计量科技创新

计量是推进科技创新、产业发展、国防建设、民生保障的重要基础，是构建一体化国家战略体系和能力的重要支撑。作为科学技术的基础手段，计量已成为生物医学、环保、信息技术、航天等高新技术的重要组成部分。随着经济社会的持续发展以及在全球竞争中地位的提升，计量标准的重要性越来越受到重视。同时，计量学作为专门研究测量的科学，又以基础科学为依托，不断采用最新的科技成果提升和发展计量理论和测量手段，与其他学科相互交叉、相互促进，取得了快速的发展。

二十、开展市场计量专项整治

市场计量专项整治主要包括集贸市场、商场超市、黄金珠宝店计量专项整治，流动摊贩诚信计量行为专项监督检查，加油站计量专项监督检查，商品量净含量计量专项监督检查，粮食市场秩序计量专项监督检查，眼镜制配场所计量专项监督检查等。

二十一、强化民生计量监督管理

民生计量监督管理主要是水、电、气、暖等涉及民生领域的计量监督管理。

二十二、其他计量工作

(1)组织实施计量数据管理和制度建设。

(2)引领推进国家现代先进测量体系建设。

(3)组织实施计量人才培养。

(4)组织实施计量交流和合作。

(5)组织计量文化建设和科普宣传工作,增强全社会计量意识。

(6)组织推进诚信计量体系建设。

(7)推进《计量发展规划(2021—2035年)》贯彻落实。

(8)组织能效产品计量、能源计量等。

第四节　河南省计量的发展历程

一、河南省计量的发展与构成

1954年10月,经中央人民政府批准,河南省省会设立在郑州市,河南省政府在全省范围内执行计量监督管理职能,河南省计量事业进入起步发展时期。20世纪50年代初,河南省计量工作重点:一是管理市场贸易中使用的度量衡器具;二是推行公制,提倡市制,改16两1斤的木杆秤为10两。1957年7月,河南省商业厅成立计量处。1957—1958年,郑州、开封、洛阳等地相继建立计量检定管理所。各地计量部门开始建立一些简单的、低等级的计量标准,开展了尺、秤等计量器具的检定与管理。

在河南省计量发展的70余年来,计量服务与保障体系日益健全,建立了长度、热学、力学、电磁、无线电等10大计量专业量值溯源体系。全省全面贯彻实施《计量法》等国家计量法律法规,并结合河南省实际制定颁布了《河南省计量检定管理试行办法》《河南省计量监督管理条例》等19部计量法规规章。另外,还出台了《河南省工业企业计量工作定级、升级实施办法(试行)》和《河南省计量标准考核工作程序》在内的75条具体规定。

至2022年底,河南省已设立127家法定计量检定机构,191家专项授权计量技术机构;共建立了3 659项计量标准,其中包括3 005项由法定计量检定机构设立的标准和654项由授权计量技术机构设立的标准;共检定了 3 701 682 台(件)计量器具;形成了包含 324 位一级注册计量师、1 373 位二级注册计量师及 8 217 位计量检定员的计量队伍。

河南省各级政府的计量行政管理部门严格遵守国家计量法律、法规及地方规章,持续优化计量体系,强化法制管理,同时不断提升计量技术能力,努力实现监管与服务的融合,关注民生福祉,确保国家计量单位制的统一及量值的准确可靠,推动计量事业的持续进步与创新发展,充分发挥计量工作的重要基石和基础技术支撑作用,为河南省的国民经济建设、科学技术进步和社会发展作出了重要贡献。

二、河南省计量行业基本情况

根据近几年业务调研情况分析,河南省区域内计量检定校准市场发展蓬勃。据不完全统计,按照行业分析,仅郑州市高新区就集中了制造业、服务业等中大型高新企业,能够涉及计量相关业务且为上市公司的就有至少 70 家。

粗略统计注册资金 1 000 万元以上且和计量相关的企业多达 2 399 家,具体行业划分见表 1-1。

表 1-1 注册资金千万以上计量相关企业数量统计

序号	所属行业	企业数量/家
1	电力、热力生产和供应业	41
2	电气机械和器材制造业	57
3	纺织服装、服饰业	11
4	纺织业	3
5	非金属矿物制品业	26
6	废弃资源综合利用业	5
7	黑色金属冶炼和压延加工业	1

续表 1-1

序号	所属行业	企业数量/家
8	化学原料和化学制品制造业	20
9	计算机、通信和其他电子设备制造业	22
10	家具制造业	8
11	建筑安装业	102
12	金属制品业	28
13	酒、饮料和精制茶制造业	5
14	科技推广和应用服务业	805
15	木材加工和木、竹、藤、棕、草制品业	3
16	农副食品加工业	6
17	皮革、毛皮、羽毛及其制品和制鞋业	2
18	其他采矿业	7
19	其他制造业	37
20	汽车制造业	7
21	燃气生产和供应业	1
22	石油、煤炭及其他燃料加工业	1
23	食品制造业	7
24	水的生产和供应业	4
25	铁路、船舶、航空航天和其他运输设备制造业	4
26	通用设备制造业	54
27	土木工程建筑业	190
28	卫生业	3
29	文教、工美、体育和娱乐用品制造业	11
30	橡胶和塑料制品业	21

续表 1-1

序号	所属行业	企业数量/家
31	研究和试验发展	266
32	医药制造业	14
33	仪器仪表制造业	23
34	印刷和记录媒介复制业	8
35	有色金属冶炼和压延加工业	7
36	造纸和纸制品业	10
37	专业技术服务业	522
38	专用设备制造业	57

其中,制造业、技术服务业更是与计量密切相关,但就目前内网统计数据来看,截至目前,高新区仅有不到 100 家中大型企业与河南省计量测试科学研究院有业务往来,业务量不足 400 万元,而高新区有检测资质的检测公司就有 56 家,具有计量校准资质的有 26 家,这些公司基本上瓜分了高新区 90%的计量校准市场。

三、河南省计量测试科学研究院服务于河南经济社会发展

(一)河南省计量测试科学研究院基本情况

河南省计量测试科学研究院是由河南省政府根据法律成立的最高法定计量检定机构,拥有第三方公正地位,创建于 1957 年,隶属河南省市场监督管理局,是河南省属社会公益型科研事业单位。其主要职能是依法进行量值传递和溯源,建立现代计量测试体系,为社会经济、民生、科技、公共事业等行业提供全覆盖的计量检定、校准等技术支撑。

河南省计量测试科学研究院的主要职责包括:负责建立、维护省级最高水平的社会公用计量标准,并依法实施量值传递与溯源;负责计量

技术的科学研究,制定计量技术规范及产品方法、标准;负责法律规定的计量器具检定、校准任务,承担重大国计民生项目及其他不宜由市场机制提供的技术服务;负责授权范围内的计量器具新产品型式评价、计量器具产品的检测以及计量纠纷的仲裁检验工作;承担政府委托的计量器具、商品量、能源计量等相关计量活动的监督检查工作;承担突发性计量公共事件应急处理的技术保障工作;承担计量器具产品质量安全风险研究、监测、分析和报告工作。

该院占地面积约 8.5 万平方米,其中实验室区域面积达 6.23 万平方米,并分布于 5 个实验区内,分别是郑东新区总部、平原新区计量产业园、花园路实验区、许昌实验区和虞城实验区。设有 12 个专业研究所、4 个科研质量服务部门、5 个行政管理服务部门、6 个决策咨询部门和专设机构。目前共有 419 名在职员工,包括 12 名博士、22 名正高级工程师及 87 名高级工程师。此外,该院拥有一支结构合理的专业技术团队,其中包括 4 位享受国务院政府特殊津贴的专家、5 位总局优秀中青年专家、2 位河南省学术技术带头人,以及 43 位国家级专家(其中 37 位担任全国计量技术委员会委员,10 位担任全国标准技术委员会委员等),具有科研创新能力人员近 300 人,从学历层次、技术职称、研究能力、技术服务能力、国家级专业、数量到承担的科研项目在全国省级计量机构中均名列前茅。

该院拥有 11 个国家级型式评价实验室、4 个国家级质检中心、10 个省级质检中心及 1 个省级重点实验室,并且设立了全国第一家计量器具标准化委员会和博士后科研工作站。同时,该院确立了 415 项社会公用计量标准。已经从国家市场监督管理总局获得了对 541 项检定项目、699 项校准项目、5 项商品量检验检测项目、11 项能效标识检测以及 39 项型式评价项目的法定计量检定机构授权。此外,通过了中国合格评定国家认可委员会的认可,涵盖了 827 项校准项目,检测项目 302 项;国家级资质认定产品项目 98 种,参数 1 791 项。

近年来,河南省计量测试科学研究院持续提升技术服务能力和科研水平,计量检定工作已步入健康稳定发展的轨道,近 3 年累计服务企事业单位 4.56 万家,年均服务量约 1.5 万家,形成了以水、电、气、热等能源计量和化学、医学、环保、交通等民生计量为代表的国内优势项目，服务范围从河南延伸至河北、山东、安徽、江苏、湖北、陕西等省，还走出国门，为中石油、中石化等跨国企业在非洲乍得、安哥拉等海外国家和地区的企业提供了计量技术服务。该院多次受到原国家质检总局的表彰，被评为优秀科研单位、全国质量监督检验检疫“科技兴检”先进集体、全国质检系统先进基层党组织以及计量监督管理特殊贡献单位等。该院荣获“全国卓越技术机构”称号，荣获省政府五一劳动奖状等荣誉，在服务政府中心、服务民生、服务经济、服务技术创新等方面发挥了较大的保障支撑作用。

（二）工作开展情况

1. 坚持党建统领，夯实引领发展的政治根基

以“党建统领总体、科研引领业务、计量服务发展、共建共享成果”为发展思路，构建了质量管理、科技发展、业务管理、综合保障、人才和财务管理 6 大体系，组建了工作合力组，开展了党建标准化、制度建设、规范管理、质量提升等主题活动，努力实现工作水平的全面提升。建立了包含 13 个控制要素、59 个标准的党建标准化体系，实现了党建工作的科学化、体系化、标准化，工作做法得到了河南省委省直工委、河南省市场监管局的肯定和推广，省直党校把计量科学研究院作为主题班党建标准化教学点，先后有 200 多个单位来该院参观交流。开展《中国革命根据地度量衡史》研究，从红色计量史中汲取发展动力，受到国家局领导的肯定和批示。

2. 坚持实干担当，打造服务发展的技术支撑

为推动科技创新、促进环境保护、优化交通系统、提升医疗水平、加强城市发展、改善水利设施、监测气候变化、处理法律问题、应对紧急情况等，向相关政府部门提供专业的技术援助。每年服务的企业数量超过 8 600 家，并对超过 60 万台设备进行了严格的检测与校准。通过省级科技机构的科研设施共享机制，向公众提供了先进的科研设备，助力 94 家新兴科技公司在研发创新上取得进展，在全省 85 家大中专院校

和科研单位中，综合绩效评价排名第一。

3. 坚持科技引领，激发创新发展的强劲动力

该院曾先后承担科技攻关项目和国家及地方检定规程、标准的起草工作近300项，完成科研项目近300项（其中省部级93项），研制科研样机近200台（套）、研发标准物质超过100种，发表科技论文750余篇，获得科技成果荣誉180项（其中省部级36项），并且目前持有超过366项专利（包括45项发明专利）。在过去几年中，荣获了1项省级科技进步二等奖和3项三等奖，同时2个项目成功突破了国际技术壁垒。研究成果广泛涉及食品安全、环境保护、公共安全等重要领域，并成功填补了国内在多个技术和标准方面的空白。

国家气体传感器产业的计量测试中心已经正式得到国家局的批准，与此同时，国家燃油加油机的型式评价实验室也成功通过了总局的验收，省环保计量检测实验室同样获得了省政府的重点实验室认定。2021年，博士后工作站取得了独立招收资格，成为全省200多家博士后工作站中仅有的10家具有此资格的单位之一，这显著地体现了河南市场监管系统在培育高水准创新型人才方面的卓越能力。

积极探索科研成果转化路径，与中国计量科学研究院、许昌市建安区联建“国家标准物质研究中心河南基地”，填补了河南省没有一级标准气体生产企业的空白，全部产能达到后，将成为国内最大的标准物质研发、生产、销售中心；探索“技术合作发展模式”，与河南工程学院签订战略合作协议，成立了产学研协同创新基地，共同申报了河南省车联网应用技术工程研究中心；探索“事企同步发展模式”，深化与青岛海尔在能源计量检测领域全面协作，与海克斯康制造智能合建精密测量实验室推进数字化和智能技术转型升级，与中国煤炭地质总局检测中心合作建设国家煤炭采样装备产业计量中心（国家煤炭采样装备质量监督检验中心），推动煤炭质检中心重点实验室建设。

出台《专业技术拔尖人才评选管理办法》等措施，实现精准引进人才，近3年引进博士4名、硕士40多名，在项目申报、经费保障、人才储备等方面给予重点支持，为人才施展才华提供平台；积极向河南省委机构编制委员会办公室、河南省人力资源和社会保障厅汇报争取落实编

制、职称等待遇，实现了人才引得来、留得住；组织“科技文化周”“以师带徒”“计量大讲堂”等活动，提升人才培养质量。目前，该院硕士研究生以上学历人员占比超过 40%，高精尖人才骨干队伍初具规模，为计量事业发展打下了良好的人才基础。

2023 年，为锚定省委“两个确保”、实施“十大战略”，落实事业单位重塑性改革方案，宣传贯彻《计量发展规划（2021—2035 年）》《河南省创新驱动高质量发展条例》，强化院创新工作融入省创新驱动、科教兴省、人才强省战略，实现河南省“十四五”市场监管现代化规划目标，结合打基础、利长远、求实效要求，出台了《河南省计量测试科学研究院高质量培育壮大创新生态实施方案》，紧跟全省经济社会计量需求，构建新发展格局，实现创新兴院、人才强院，稳步促进全院职工的全面发展，确保河南省计量测试科学研究院高质量、高水平发展。

（三）研究所情况介绍

1. 长度和光学计量研究所

长度和光学计量研究所承担着建立与维护省级社会公用计量标准的重要任务，这些标准覆盖了长度和光学计量的领域，目的是保障量值的一致性。研究所负责执行强制检定、仲裁检定、型式评价、标准考核及起草技术法规等法定计量职责。此外，研究所还涉足校准检测、技术研究和提供咨询培训等服务。

实验室拥有高精度三米测长机、测长仪、泰勒圆度仪、影像测量仪、海克斯康三坐标测量机等国内一流的计量设备。长度计量研究所现拥有专业技术人员 16 名，其中教授级高级工程师 1 名、高级工程师 4 名、工程师 8 名、一级注册计量师 11 名、全国几何量长度计量技术委员会委员 1 名。已建立 55 项社会公用计量标准，包括 18 项省级最高计量标准和 37 项次级计量标准。并且，它已经获得了中国合格评定国家认可委员会（CNAS）对 132 项校准项目的认可，基本上满足了长度和光学类仪器在河南省省内的溯源要求。下设量块量仪、精密测量、光学仪器、测绘仪器和光学等 5 个项目，长度项目测量范围覆盖从微米级的标准膜片到米级的量块、钢卷尺到千米级的全站仪、GPS 接收机等；同时开展有照度计、紫外辐照计和眼科仪器等光学项目的检定、校准工作。

长度计量作为制造业的根基，通过量值传递，为零件、部件及整机产品的几何参数提供准确的测量标准，确保制造和装配的精度，从而保障产品质量。近年来，长度计量研究所始终把对企业的服务意识放在首位，充分发挥技术优势，除传统的计量检定与校准服务外，还提供计量器具维修、技术咨询及培训等一系列增值服务，得到了众多企业的肯定与认可。

1）技术创新能力

长度计量研究所主持河南省科技攻关项目3项、科技攻关质检专项2项。在此基础上，参与了超过30项计量技术法规的制定，并取得了丰硕成果，包括获得河南省科技进步三等奖1项、河南省市场监管科技成果一等奖5项、二等奖10项。此外，该所还负责起草了10项国家级计量技术规范、5项行业标准，并拥有多项知识产权，如6项发明专利、5项软件著作权以及多项实用新型专利，同时还制定了20多项河南省地方计量技术规范。

2）特色项目

（1）围绕“交通一体化综合检测与监测设备的量值溯源及保障技术的研究，不断推进智慧计量技术的研发与先进测量设备的创新，以此增强计量技术对交通运输领域的支撑能力，促进智慧交通系统的建设与发展”的主题，逐步构建河南省铁路轨道交通量值溯源体系，目前已初具规模。

（2）高精度坐标测量仪器，服务高端装备制造。长度所拥有海克斯康高精度坐标测量机，该设备不仅拥有超高的测量精度，而且能够处理具有复杂形状工件的检测，实现真正的通用测量，全方位服务于河南省高端装备制造、汽车工业、轴承加工等行业。

（3）不断完善眼科仪器检定能力，护航人民群众视力安全。在全国范围内率先创建了眼镜片顶焦度的一级基准装置、验光仪顶焦度的基准装置，以及用于综合验光仪（含视力表）的校准装置等。这些基准装置的确立确保了全省眼科仪器的测量精准性。能够对各种眼科计量仪器实施校准,涵盖焦度计、验光机、瞳距仪等。

2. 热学计量研究所

1)热学所情况简介

河南省计量测试科学研究院成立之初就设有热学计量研究所(简称热学所),当时仅有3名工作人员,年收入不足5万元。经过40余年的发展,在2005年前后有工作人员10名,收入200多万元,之后又经过近20年的快速发展,达到现在的规模(20名工作人员,1 700余万元的收入)。

热学所现有20名成员,团队构成包括1名博士研究生、7名硕士研究生,以及1名拥有教授级职称的高级工程师,另有5名高级工程师和8名工程师。该研究所的专业人才阵容还包括多名委员会委员:全国压力计量技术委员会委员1名、全国气象计量技术委员会委员1名等。

热学所建立和保存着河南省最高等级的温度、湿度和压力专业的社会公用计量标准,并建立和保存约20项河南省次级计量标准。

近年来,热学所主持和参加起草了《精密液体压力计》检定规程等10余项国家计量技术法规;主持制定了《温湿度检定箱》气象行业标准以及《精密耐震压力表》等2项地方标准和《盐雾试验箱》等10余项地方标准规范;主持完成了5项河南省质监局科技计划项目;已提交8项发明专利申请,其中1项已获授权;获得了超过10项实用新型专利授权,以及8项软件著作权;发表了20多篇学术论文。在2018年的第四届中国(国际)传感器创新大赛期间,热学所自主研发的《新型表面温度传感器》荣获华中赛区一等奖、总决赛三等奖。

此外,热学所还承担了《恶臭气体监测仪量值溯源系统的构建及其应用研究》等多项河南省科技攻关项目和河南省市场监督管理局科技项目,作为《颗粒检测仪器量值溯源关键技术研究及应用》项目主要完成人荣获2021河南省科技进步三等奖。

2)项目介绍

热学所项目有接触测温、非接触测温、温度仪表、湿度、压力、环境温湿度试验设备(温场)、真空、能见度共8大类。

接触测温:构建了标准装置,如一等热电偶、一等和二等铂电阻温度计,用于检定和校准接触式测温仪器,在高温区间为300~1 100 ℃,在中低温区间为-80~420 ℃;非接触测温:可以开展-50~1 600 ℃的红外测温仪、辐射温度传感器、红外热象仪等仪器的校准工作;温度仪表:设置了热电偶仪表和热电阻仪表的检定装置,适用于无传感器的温度仪表,温度测量范围为-200~2 300 ℃;湿度:建有精密露点仪、温湿度计检定装置,测量范围为(10~98)%RH或(-80~20)%RH,可以开展各类温湿度仪表的检定、校准工作;压力:测量范围为-0.1~250 MPa,标准器准确度等级0.005级、0.02级、0.05级,可以检定和校准各种压力仪表;环境温湿度试验设备能用于校准温度范围-80~1 100 ℃、湿度范围(10~98)%RH的温湿度仪器及高压灭菌设备;真空校准装置的极限压力为0.000 01 Pa绝对压力,测量范围从0.001 Pa绝对压力到100 kPa,最大允许误差为读数的±0.2%,适用于电离真空计、热偶真空计、薄膜真空计和复合真空计的校准;能见度:可开展0~30 000 m能见度范围的前散射能见度仪校准工作。

3. 力学计量研究所

力学计量研究所(简称力学所)专注于构建与维护省级社会公用计量标准,覆盖力学计量领域,并推进量值传递工作;负责执行法定计量任务,包括实施强制性检定、型式评价及技术法规编制等;开展检定、校准、检测、科研、咨询培训等工作。

力学所拥有一支高质量的优秀人才队伍,在职专业技术人员16名,其中教授级高级工程师1名,高级工程师3名,工程师6名,博士1名,硕士6名,一级注册计量师9名。全国试验机标准化技术委员会委员1名,全国力值、硬度、重力计量技术委员会试验机分委会委员1名,全国测量不确定度计量技术委员会委员1名。

力学所凭借雄厚的技术底蕴、丰富的实践经验,承担着多项企业横向课题和计量技术开发任务。在科研成果方面,力学所成绩斐然,荣获了省科技进步二、三等奖等多个奖项,并且获得了国家河南省市场监督管理局颁发的一、二等奖超过20项,力学所还拥有20多项发明专利和

60 多项实用新型专利,并出版了 3 部专业著作。

力学所计量工作涉及的领域有:力值、硬度、扭矩、振动、机械功率、位移、速度、角速度、加速度、重力加速度等物理量的计量。多年来凭借一流的检测设备和人才队伍,提供优质的计量检定、校准和产品检测服务。目前已建立 32 项社会公用计量标准,其中包括 8 项高级标准和 24 项次级标准;并且获得了中国合格评定国家认可委员会(CNAS)对 162 项实验室校准项目的认可,满足了力学类仪器在河南省内的溯源要求。

4. 质量计量研究所

质量计量研究所(简称质量所)是河南省质量计量检测业务资质最全、能力最强的综合检测科室,现有人员 12 名,其中高级工程师 2 名、工程师 6 名、助理工程师 4 名,一级注册计量师 4 名、二级注册计量师 6 名。质量所还设立了一项省级最高社会公用计量标准(E1 等级砝码组标准装置),以及 13 项次级标准,涵盖了 E2 等级及以下等级砝码组、天平检定、非自动/自动衡器检定、液态物料定量灌装机检定和定量包装商品净含量计量检验等领域。该所已获得 CNAS 对 9 项校准项目的认可,并从事天平、砝码、衡器等计量器具的量值传递、型式鉴定、样品测试及检定校准工作;同时还承担国家市场监管总局、河南省市场监管局下达的定量包装商品计量专项监督抽检任务,以及相关计量器具的检定、校准工作。

砝码检测实验室拥有河南省最高等级标准砝码装置(E1 等级),可开展 E2 等级及以下等级砝码的质量、体积和磁化率量值传递工作,全年依法为河南省各地市县检测中心和企事业单位建立的最高等级砝码计量标准执行免征费用的检定服务。

天平检测范围为 0.1 微克~2 吨,包含机械天平、电子天平、质量比较仪、工业分析仪和水分分析仪等计量设备,服务河南省各大科研院所事业单位、环保、医药、电力、煤炭、金矿等检测检验实验室,检测业务面广、分布零散。

衡器检测范围为 0.003~50 吨,包含非自动衡器和自动衡器。法定的强制检定制度适用于非自动衡器的型式批准及用于贸易结算或安全防护(例如动态汽车衡)的检定;提供诸如重力式自动装料衡器、皮带秤、料斗秤、定重式灌装机等设备的检测服务,服务全省各行业的贸易结算、质量控制、安全防护等领域。

商品量检验覆盖了定量包装商品的净含量及其包装的计量检验。多年来,持续履行市场监管部门赋予的监督检验职责,并承接企业的委托检验等任务,为切实保护消费者合法利益、减轻环境负担、营造公平公正市场秩序提供技术保障。

5. 电学计量研究所

电学计量研究所(简称电学所)的核心任务是研究、确立与保存电学和磁学领域的省级社会公用计量标准,保障量值的一致性与传递;承担法制计量任务,包括强制检定、仲裁检定、型式评价、标准考核和技术法规的制定;开展电学和磁学计量校准、检测、技术研究、咨询培训等工作。

当前,电学所已设立 63 项社会公用计量标准,其中 17 项为河南省最高级别,其余 46 项为次级;获得了国家市场监管总局授权的 71 项计量检定项目和 86 项计量校准项目许可,且拥有电能表与称重显示器 2 个国家级型式评价实验室;通过 CNAS 认可的校准项目共计 105 项,检测项目则有 23 项。通过 CMA 的项目有 40 项,同时还具有雷电防护装置检测乙级资质。

服务对象主要分布在电力电网、煤矿、铁路、冶金、石油化工、汽车、航空航天、军事及新能源交通工具制造等行业,同时还为专业科研院所、计量检测机构、计量仪器生产研制单位提供计量服务。

直流项目主要从事直流电压、电阻标准的建立和安全防护领域计量校准的研究以及量值传递。主要开展项目:①标准电阻、高压高阻箱(兆欧表检定装置)、接地导通电阻测试仪、电气安全综合测试仪等;②交流仪器项目:交直流模拟电阻校准装置、LCR 电桥、交流电阻、电容、电感、电容电流测试仪、发电机交流阻抗测试仪、电池内阻测试仪和交流电阻器等;③时间频率:晶振、通用计数器、多功能时钟校验仪、信号发生器等;④专用设备:分流器、接地查找仪、电线电缆故障测试仪、环路电阻测试仪、轨道电路测试仪等;⑤开展检测项目:开展防雷检测和电气安全相关项目检测服务。

数表项目主要从事数字多用表、钳形表、多功能标准源、过程校验仪、电测量仪表校验装置、继电保护测试仪、电流表、电压表、欧姆表、数字功率表、功率分析仪、电参数测量仪及电能质量分析仪等设备的计量检测与研究及量值传递工作,实验室还搭建有可实现交直流电源、电子负载等被测设备的全自动化检测的标准系统,量程覆盖范围广、稳定性高。实验室基于稳定电源、电子负载项目扩展的蓄电池充放电测试仪校准项目已在省内开展校准服务,服务对象有宇通客车、中车集团、超威电池、国家电池检测中心等。

电能项目主要从事标准电能表、充电桩校验装置、非车载充电机校验装置、电子式电能表、机电式电能表、智能电能表、多功能电能表、数字式电能表、直流电能表、电能测量仪、交流电能表检定装置、直流电能表检定装置、电能信息采集终端及综合磁测量等设备的计量检测与研究及量值传递工作和调试技术服务。电能计量为主,各种电量参数测量能力齐全、准确度高,拥有非常良好的科研条件、研发试验环境及完善的试验设备。具有 0.01 级电能检测标准、高准确度标准电能表,记忆示波器,耐电压绝缘泄漏试验仪,过电压试验装置,过电流试验装置,交变磁场测量装置,防尘防水试验装置,灼热丝试验装置等一系列电性能试验设备。

电学所具备健全的基本磁参量测量能力,检测能力通过了 CNAS 认可,综合水平在全国同级院所处于前列,满足大部分磁测类仪表的校准需求,包括特斯拉计、高斯计、磁强计、磁力式磁强计、交变磁强计和磁通计的校准能力。

互感器和高压项目主要从事电流互感器、电压互感器、高低压电力计量箱(组合互感器)、验电器和绝缘杆等安全工器具的计量检测与研究及量值传递工作。

互感器和高压实验室可开展项目包括:交直流分压器,直流高压发生器,试验变压器,谐振试验装置,冲击电压试验仪,冲击电压测量系统,回路电阻测试仪,电火花检漏仪,互感器开路电压测试仪,大电流发生器,互感器测试仪,局部放电测试仪,有载分接开关调试仪,开关机械特性测试仪,非接触式静电电压表,磁性金属物测试仪等。

6. 流量计量研究所

流量计量研究所共有职工 46 名,是一支年龄和知识结构合理的科研和检测队伍,其中,教授级高级工程师 1 名,高级工程师 8 名,工程师 15 名,博士 1 名,硕士以上学历 19 名,本科 25 名;国家级、省级计量标准评员 10 名。该所先后完成了一批高水平计量标准装置研制,科研和检测能力得到了提高,获得了河南省科技进步二等奖、三等奖。

该所设有 6 个大项目:气体流量项目、微小气体流量项目、液体流量项目、固定污染源废气项目、固定污染源废水项目、容量项目。

气体流量项目下设 4 个实验室:差压式流量计实验室、气体流量计实验室、燃气表实验室、微小流量计实验室等。

微小气体流量项目下设 7 个实验室:大气实验室、粉尘浓度实验室、尘埃粒子计数器实验室、洁净间实验室、烟尘烟气实验室、颗粒物分析实验室、扫描电镜实验室。

液体流量项目下设 6 个实验室:水流量计实验室、冷水水表实验室、热水水表实验室、热量表实验室、冷热交变耐久性试验实验室、液位计实验室。液体流量项目依托河南省计量测试科学研究院建设有国家水表质量检验检测中心、国家流量计型式评价实验室(河南)、国家热能表型式评价实验室(河南)、国家水表型式评价实验室(河南)。液体流量项目标准装置有水流量标准装置、水表检定装置、热量表标准装置、液位计检定装置。液体流量项目目前开展业务有冷水水表、热水水表、涡街流量计、超声流量计、电磁流量计、浮子流量计、质量流量计、液位计、热量表,以及相关产品的强检、检定、校准、型式评价实验,委托检验检测等相关实验。

固定污染源废气项目下设固定污染源废气在线自动监控系统外检项目。承担全省固定污染源废气在线监测设备的量值溯源职责,覆盖烟气连续排放监测系统、挥发性有机物在线监测系统、氨逃逸在线监测系统及环境空气质量监测等多个方面。

固定污染源废水项目下设 3 个实验室:固定污染源废水在线自动监控系统外检项目实验室、理化分析实验室、标准溶液配制室。

容量项目下设 4 个实验室及 1 个检验中心：国家燃油加油机型式评价实验室(河南)、国家压缩天然气加气机型式评价实验室(河南)、河南省液化天然气加气机型式评价实验室、小容量实验室，河南省加油机产品质量监督检验中心(筹建)。

该所获得多项科技成果奖，其中，“粉尘浓度测量仪校准装置”“气体流量标准装置技术研究”获得河南省科技进步三等奖；“气体流量仪表检定系统”获得河南省科技进步二等奖；“工业烟气中二氧化碳红外光谱法浓度测量技术研究”“粉尘浓度检定装置自动称重系统”获得 2019 年度河南省市场监督管理系统科技成果一等奖；“电子皂膜流量自动检定装置”“基于滤膜自动称重测量空气中颗粒物浓度的不确定度分析方法”获得实用新型专利。承担了 2023 年省科技攻关项目《压缩氢气加气机远程量值溯源关键技术开发及应用》；气体流量项目拥有多套自主知识产权的高能级计量标准装置，其中，“气体流量检定系统”获得河南省科技进步二等奖；“气体流量标准装置技术研究”获得河南省科技进步三等奖；参与起草国家规程 1 项，地方规程 4 项；废水在线项目在计量学报、工业计量、计量测试与技术、计测技术、电子质量等核心期刊发表流量计量和环境监测相关论文 15 篇；作为第一发明人申请实用新型专利 10 项，发明专利 1 项；申请和参与省级项目 3 项，建立省级最高标准 2 项，编写地方检定规程和校准规范 2 项。

7. 化学计量研究所

化学计量研究所(简称化学所)目前拥有专业技术人员 21 名，其中研究生以上学历 11 名，高级工程师 5 名，工程师 9 名，一级注册计量师 10 名。至今已建立了 66 项社会公用计量标准，其中省级最高标准为 44 项，次级标准 22 项；获得了 CNAS 认可的 109 项实验室校准项目，并拥有 638 个参数的 CMA 检测能力，覆盖了物化、理化分析，光化学、电化学、热化学、生化分析，水质测量、颗粒测量，气体分析等领域的仪器仪表性能检测。

化学所目前设有国家易燃易爆、有毒有害气体检测(报警)仪型式评价实验室，并且正在筹划建设国家气体传感器产业计量测试中心、河南省气体检测(报警)仪产品质量监督检验中心和河南省氢能产业计量测试中心。每年服务省内食品药品、医疗卫生、环境保护、粮食烟草、化工电力、能源电子等行业的3 000多家企事业单位,年检测仪器15 000台左右。

化学所不仅在技术能力上覆盖面广、优势明显,而且在科研方面创新引领,成果突出。历经多年,主导或参与制定了逾20项国家标准、地方标准及规程。承担了31项来自国家和省级层面的科研项目,涵盖了1项国家质检公益项目、2项原国家质检总局科技项目,以及6项省级科技攻关课题。所获科技成果奖项共计22项,其中包括河南省科技进步二等奖2项、三等奖1项,中国分析测试协会科学技术奖(CAIA奖)三等奖1项。已取得22项发明和实用新型专利授权,持有2项软件著作权,并成功开发了59种国家二级标准物质,在国内各类学术期刊上发表论文近百篇。

8. 医学与电离辐射计量测试研究中心

医学与电离辐射计量测试研究中心是河南省计量测试科学研究院顺应新时代事业单位重塑性改革成立的,涉及医学、电离辐射、声学、无线电时间频率、化学、光学、热学、力学等多个学科的综合性计量服务中心,致力于全省医疗卫生、环境监测、安全防护、贸易结算、电子通信等领域的计量检定、校准、检测、检验、咨询服务及相关计量技术研究和应用。

医学与电离辐射计量测试研究中心现已构建起58项社会公用计量标准,并取得了133项由CNAS认可的校准资质,能够提供超过200项的检定、校准和检测服务。建有河南省智能通信终端产品质量监督检验中心,X、γ射线空气比释动能"防护水平""治疗水平""诊断水平"辐射场,放射影像模体校准实验室,无损探伤实验室,高纯锗γ谱仪实验室,测氡仪检定实验室,全消声实验室,半消声实验室,混响室,隔声实验室,通信设备实验室,微波参数实验室,时间频率实验室,原子频标实验室,脉冲参数实验室等,为建立安全、健康生活环境提供技术支持。

医学与电离辐射计量测试研究中心的专业技术团队共有44名,其中包括2名博士、14名硕士、2名教授级高级工程师、10名高级工程师、14 名中级工程师、2 名高级技工、13 名国家一级注册计量师、15 名二级注册计量师以及 2 名国家法定计量机构评审员，其中国家级检验检测机构评审员 1 名，CNAS 评审员 1 名；国家二级计量标准考评员 7 名，在全国声学计量技术委员会和中国计量测试学会声学分会中各有 1 位常务委员任职，另有 2 位委员在电离辐射计量技术委员会服务，以及 1 位副主任委员和 5 位委员在医学计量技术委员会任职，全国无线电计量技术委员会委员 1 名，全国时间频率计量技术委员会委员 1 名。该中心先后荣获了“省直青年文明号”“河南省青年文明号”，以及河南省“巾帼文明岗”的称号。总计完成了 30 余项不同级别的科研项目，科研经费投入超过了 1 000 万元。获得河南省科技进步二等奖 1 项、三等奖 4 项，国家总局重大科研成果奖二等奖 1 项，科技兴检奖三等奖 1 项，以及超过 30 项的省级科技奖项。

9. 动态轴重仪检定所

动态轴重仪检定所现有工作人员 16 名，其中高级工程师 2 名，工程师 5 名，特种设备操作人员 6 名。该所现有动态汽车衡专用检定车 7 辆，随车起重机 2 台，随车叉车 2 台，M1 级标准砝码 60 t，主要开展高速公路、地方公路的收费站和超限检查站的动态汽车衡的检定、校准和检测工作，开展技术咨询服务和计量纠纷仲裁鉴定，并为省内外用户解决行业内生产中出现的疑难问题，提供科学、客观、公正的技术支持和计量保证。近年成功申报省科技攻关项目“动态汽车衡远程计量及监测系统研究”，获得了 3 项发明专利授权、3 项实用新型专利以及 2 项软件著作权，并发表了 10 多篇学术论文，获得省市场监管局科技成果一等奖。

10. 机动车检测技术研究所

机动车检测技术研究所现有技术人员 20 名，其中高级工程师 3 名，工程师 7 名，硕士研究生 7 名，国家一级注册计量师 4 名，二级注册计量师 7 名。

目前，该所共建立计量标准 30 项，涵盖机动车安全检验设备、机动车环保检验设备、道路交通技术监控系统、机动车尾气遥感监测系统、出租车计价器标准装置、机动车生产企业和维修企业检测设备等的检定和校准工作,为全省交通安全和环境监测提供技术支持。

自2011年以来,又获得了2项新的发明专利授权,超过20项实用新型专利授权;发表了超过20篇学术论文;作为主要起草单位,完成了2项国家校准规范的制定,5个地方计量检定规程和校准规范的编制,参与了3项地方标准的起草工作,并成功推进了多项科研项目的研发进程。

11. 产业检测研究中心

产业检测研究中心依托河南省计量测试科学研究院建设的国家新能源汽车供能装置质量监督检验中心(河南)、国家钢卷尺及五金工具产品检验检测中心(河南)、国家城市能源计量中心(河南)、河南省半导体(LED)照明产品质量监督检验中心、河南省家用电力器具能效产品质量监督检验中心、河南省计量器具产品质量监督检验中心,以及电磁兼容(EMC)实验室,这些机构的关键仪器设备配置处于国际先进、国内领先地位,可以满足国内及国际的检测标准需求。

国家新能源汽车供能装置质量监督检验中心(河南)现已具备电动汽车充(换)电站、交流充电桩、非车载充电机、车载充电机等12类产品共计680余项参数,相关检测能力全部通过“三合一”认证。

国家钢卷尺及五金工具产品检验检测中心(河南)主要承担钢卷尺及五金工具产品的检验、检测服务,包括委托检验、监督抽查、日常监督、定期监督等。拥有对金属和金属制品的材料(碳、硫、锰、磷、镍、铬、铜)、拉伸试验、洛氏硬度、电镀层厚度、夹扭钳和剪切钳类、钢锉类、钢锤类、螺钉旋具类、扳手类、卷尺类等进行检测的能力。

国家城市能源计量中心(河南)的核心职责涵盖能源计量数据的获取与测试、能源计量技术的探索、能源计量器具公共服务平台的构建及能源计量知识的教育;节能量审核、能源审计、能源计量体系文件编制、能源资源计量审查、能源平衡测试等。

能效中心和电磁兼容通过资质认定和国家实验室认可的检测项目有:计量器具、信息技术产品、家用和类似用途电器、照明电器、医疗器械、汽车电子等产品的电磁兼容及环境条件检测;家用电冰箱、空调、洗衣机及小家电等12种产品的能效检测；基站、变电站的电磁环境监测；放射源、射线装置周边电离环境监测；综合布线、网络系统等工程检测。

河南省半导体(LED)照明产品质量监督检验中心主要开展对各类照明场所及照明产品的委托检验、监督抽查等各种检验测试工作，为各类室内外照明场所的设计施工、照明产品的生产研发提供技术支持，培训相关行业技术人员。中心技术能力涵盖中小学教室照明、道路照明等室内外场所照明质量检测；各类灯具光生物安全性检测；LED天花灯、LED路灯、LED球泡灯、LED射灯、LED筒灯等各类LED灯具及LED模块，节能灯、日光灯、投光灯、高压钠灯等多种光源和灯具质量及能效检测，共计23大类，243个参数。

围绕相关产业，产业检测研究中心建立了先进的横向联动模块试验布局体系，以产业检测服务为核心，强化资源共享和优化，构建了砂尘试验区、机械性能级传导充电连接装置试验区、计量性能检测区、车载充电机检测区、交流充电桩检测区、防水试验区、非车载充电机检测区、高低温湿热影响检测区、盐雾试验区、汽车电子EMC试验区等10大检测专区。根据不同的检测需求，实现全资源模块化协同配置与运行，以更高效、更优质的工作质量做好产业技术支持服务。

目前，产业检测研究中心具备检验检测、科学研究、标准制修订、技术服务、人才培养等多种功能，除了承担国家产品质量监督抽查检验、国家产品风险监测、省监督抽查等检验检测任务，还为履行政府市场监督管理职能提供技术保障，也为企事业单位提供检验检测技术服务，协助企业提高产品质量水平，维护市场正常经济秩序。

12. 测绘产品质量监督检验研究所

测绘产品质量监督检验研究所(河南省测绘产品质量监督检验中心)是从事测绘地理信息产品质量检验、测绘质量控制和管理的专业性研究所。该所依法承担基础测绘产品质量检验任务，还承担着地理信息产品的检测技术服务工作，包括测绘产品质量的监管检验及受托检验等。

河南省测绘产品质量监督检验中心是经省市场监督管理局授权和资质认定的法定省级测绘产品质量监督检验检测单位，并通过了自然资源部组织的2022年自然资源检验检测机构能力验证,具备10个大类测绘相关成果的质量检验条件和能力。

目前,该所共有员工6名,包括3名高级工程师、3名工程师,其中有3名持有硕士研究生学历,另有2名国家注册测绘师和1名二级注册计量师。

服务范围:依法承担全省测绘产品质量监督检验和基础测绘成果质量检验,开展测绘项目评优过程中的质量检验工作。

委托检验:承担测绘地理信息项目成果的质量审查、核查及评价工作;负责对科研任务和新兴技术应用下的测绘地理信息成果进行质量审查、核查和认证;执行测绘地理信息质量争议的仲裁检验职责。

社会服务:提供签订测绘标准化方面的技术咨询;帮助、指导测绘生产单位建立健全质量管理体系与相关制度;对测绘行业的质量检验人员进行专业技能培训;提供与测绘质量相关的全面咨询服务。

测绘产品质量检验面向的客户是组织开展的各级政府职能部门,主要为自然资源、生态环境、交通、水利等部门应用的地理信息数据和产品提供检验检测服务,确保测绘地理信息数据和产品的唯一可靠。

该所始终将顾客的期望放在首位,以持续提高顾客的满意度为最终目标,秉承“科学、公正、务实、高效”的质量方针,以事实为基础,以标准为依据,以技术为引领,积极贯彻落实“质量强国”战略,不断加强测绘地理信息质检工作,着力推进测绘地理信息工程、产品和服务质量的提升,用实际行动不断践行“当质量的坚守者,做消费的保护者”。

近年来,该所成功完成了对全省测绘地理信息成果的全面质量监督和检查工作,有效组织了包括变形测量、管线测量、基本地形图比例尺、航空摄影等在内的测绘项目的质量监督和检查,以及对测绘资质单位的质量管理体系建设和运行情况的审查,这在维护国家地理信息安全、保障成果质量、支持政府依法监管等方面起到了至关重要的作用。

该所开展了省级基础测绘、地理国情监测和城市国土空间监测等重要省级项目的测绘质量检验服务工作,以及数字城市、航空遥感影像、地下管线普查等方面的质量检验验收工作,为行业管理、政府决策等工作提供了可靠的质检支撑。

第二章

计量在推动黄河流域生态保护和高质量发展中的重要作用

第一节 计量在当今经济社会发展中的基本价值

一、对科技发展的引领作用

(一)没有计量就没有科学

计量是推动科技发展的基石、先驱和关键支撑。纵观历史,3 次显著的技术革命均始于测量技术的重大突破,并由计量的精确性所推动。在科技的最前沿,计量的精确性尤为关键,精确性计量能够将国家科技竞争力和科研能力充分地展现出来。李政道等在研究中提出了一个假说,即弱相互作用中宇称不守恒,而就职于美国国家计量机构的诺贝尔奖获得者吴健雄博士通过相关实验,验证了这一假说。只有高精准的计量技术才能够设计出高精密度和高灵敏度的仪器设备。有效地提升计量精度,为相关领域的技术革新和进步提供新的动力。

(二)计量是科技创新的引擎

科学研究离不开先进的测量仪器和精密的测试技术,计量学是理解世界和改造世界的重要工具和手段。科技和计量相辅相成、互相促进。无论是计量单位的实现还是精确的定义,都需要依靠最新的科技成果,而新科技的发展必须要以精确的计量为基础。众多诺贝尔物理学奖的获奖成果都与测量技术有着密不可分的联系,王大衍经过研究之后指出,作为物理学的基础和前沿,计量学是一门学科,能够有效地提升物理度量的精度。一直以来,人们都认为计量科学最接近于诺贝尔物理学奖。最近几年,获得诺贝尔奖的 4 位人员都来自美国计量院。吴承洛开拓了现代中国计量事业,其曾经指出,正是因为我们掌握了多种衡量自然现象的标准,才能够帮助人类将自然规律更好地揭示出来。因此,基于计量,人们才能够更好地认识自然界。人们要想深入地理解自然界的各种知识,必须通过精确的计量。这些都验证了门捷列夫的名言:“科学是从测量开始的。”无论是知识的深入理解,还是创新和科学的发展,都离不开计量。

(三)计量引领科技的战略发展

正是有了计量科学,人们才能进行科学技术的创新和发展。从当代的角度来看,其不仅是科学技术发展的积极推动者,也是科学技术成果的应用。例如:美国国家标准和技术研究院(NIST)就注重发挥科技发展中的“领头羊”作用。NIST 是联邦实验室技术转移联盟主办机构,其对全国制造业创新网络起到了一定的协调作用。作为美国制造业的延展合作伙伴,该研究院还成立了相应的项目办公室,用于尖端制造业和卓越绩效计划的质量提升。其在生物计量等科技前沿方面发挥了战略性的引领作用。

(四)科技的发展产生了对计量的巨大需求

当前,人们在研究宇宙的过程中,超过 100 亿光年的边缘能够被观测到。研究物质时,0.1 纳米是能够被研究的最小尺度,从不同的维度来看,量的种类日益丰富。特别是在化学计量、生物计量和信息数字计量领域的迅速进步,推动了人们对“量”的认知从简单的物理层面、感知层面和表象层面转变为对事物结构、组合以及内在特性的深入理解,从而揭示这些因素如何导致事物本质的转变。计量学也经历了从量的主导到量质并重的演变,更加深刻地探索事物背后的本质变迁。量变到质变的认知转变,涉及了多少差异化的度量标准?这一转变不仅是计量学领域的重要突破,也代表了人类认识论和实践论的重大飞跃。借助生物计量的进步,人类不仅可以探索外部世界,还能更深入地理解自身。通过对生物体与生命现象进行量化分析,人们能够重新审视人类的起源、演化历程及其未来的可能性。从计量范围来看,原来的计量技术只涉及实体领域,而现在的数字计量技术则对其进行了拓展,该项技术不仅涉及思维和智能领域,还涉及网络环境和虚拟空间。这项技术的出现,让人们进一步地理解和掌握了大脑、智能和信息革命,从而明确了人类未来发展的方向，更好地完成量到质的转变。

（五）信息时代引发的计量革命

随着互联网、移动互联网、智能移动设备、物联网、传感器网络、生物网络、神经网络、测量设备网络、数字化网络、智能化网络乃至太空通信网络的快速发展，计量学面临着前所未有的挑战。网络技术的进步推动了计量领域的深刻变革。这一变革涉及计量基准的设定、量值传递与溯源体系的优化、计量器具的技术进步及其在实用计量中的迅速普及。同时，法制计量的一致性、准确性、安全性以及其国际化的步伐都将迎来重大转变。截至目前，各项技术的创新发展非常迅速。无论是监管和创新，还是维护与测量，计量都发挥着非常关键的作用。快速增长的虚拟计量，一定程度上促进了计量学科的发展。相比于互联网，物联网将带来更为深远的技术变革，标志着一个全新的物联网时代即将来临。纳米技术、基因工程、大数据和云计算等前沿科技的发展，都需要计量技术在其生产和生活服务中的广泛应用作为支撑。

网络空间、思维空间乃至宇宙空间中的知识密度与信息量呈现出爆炸性的增长趋势，这正促使计量原理进一步深化以及计量范围的扩大。这种转变将计量的地位从边缘推向了核心，从辅助角色转换成了主导力量，从支持地位升级到关键驱动力，并最终确立了其在引领方面的重要位置。21 世纪将是计量居于主导地位的时代。现实中遇到的所有问题，本质上都是技术难题，是量化课题，这些问题都可以通过计量手段来完成。笛卡儿是 300 多年前的近代科学先驱，其提出：数学可以解释自然界的一切。任何事物都存在一个度量的过程。因此，数学探讨的既是测量，也是秩序。未来的计量活动将会是一种涵盖大规模、高精度、高速度、广覆盖、数字化、网络化与智能化的全新模式。在此过程中，我们应该从实际出发，建立一套全新的认知体系，借助全新的理念来进行实践。通过这样的方式来改变人类的生产生活方式，促进技术的创新。通过计量来洞察历史，影响当下，把握未来。

二、对经济发展的促进作用

(一)农业

我国自古地域辽阔,农业也成为我国的支柱产业。从现代农业的角度来看,要想实现高产优质等目标,必须采用科学的方式和精准的计量来种田。农业发展的各个阶段,尤其是机械化和信息化等,都必须依靠计量来完成。现代计量检测技术的应用将是推进我国农业发展的关键路径和必然趋势。

农作物的良种是农产品丰收的先决条件,计量技术是挑选良种的必备手段。采用计量学的抽样方法,抽取样品进行检测,如游标卡尺、水分测量仪及各种标准物质对种子的颗粒大小、生活力、水分含量等品质测量,以确定种子的优劣程度。

农作物的生长与许多环境因素直接相关,如温度、湿度、土壤酸碱度、土壤水分、有机质和氮磷钾含量等,如何监测并调控这些环境条件,就需要依靠准确的计量器具测量。例如,空气中的温度和湿度可以通过温度计和湿度计等工具来监测;土壤酸碱度的测定则依赖于酸度计等工具;土壤中的水分含量则需使用水分测定仪等工具来测量。同样,精确调控的环境条件是农产品得以良好保管的环境基础。比如,环境温度、湿度等,这些条件的精确控制正是先进的计量器具保证的。

水是生物赖以生存的基本条件,农业更离不开水。农业灌溉作为主要的用水领域,每年消耗的水量为 3 600 亿~3 800 亿立方米,这几乎占到了农业总用水量的 90%~95%。长期以来,灌溉方式较为粗放,不少地区采用的是大面积漫灌的方法,这导致了大量的水资源被浪费。鉴于此,建设灌溉用水计量设施成为实施严格的水资源管理制度的核心措施之一,有助于用水总量的控制及定额管理的实施。目前,各地农业管理部门正在积极推动灌溉用水计量设施的安装,并实施灌溉用水的定额管理。加速灌溉机井用水计量设施的安装,逐步实现灌溉用水的定额管理,并结合高效节水灌溉技术以及水肥一体化灌溉技术的应用,共同推动节水农业的发展。

21 世纪见证了生命科学与生物技术产业的迅猛发展,生物技术产业正经历着显著的增长。在这个背景下,生物计量对于农业发展的重要性日益凸显。生物计量技术为生物农业的研究提供了精确的数据支撑,确保了种植与养殖过程中农兽药及添加剂的准确使用,进而为生物农产品的质量控制奠定了坚实的基础。

(二)工业

1. 计量是工业企业生产的眼睛,是产品质量提升和产业发展的基础

精密的计量技术能够促进工业的发展,进一步实现制造业的智能化和信息化等,为提升产品质量、加快技术应用等奠定基础。

计量技术不仅能保证产品的统一性和互换性,也是确保产品达到高标准品质的关键因素之一。为了保障产品质量,必须重视原材料的选择、生产工艺的优化及计量技术的应用这 3 个基本要素。随着技术的不断发展,生产工艺日益精细和严格,这些变化极大地提升了产品的质量水平。制造商们持续改进这些流程,目的是增加市场份额并促进企业的长期发展。在许多行业中,大规模生产导致了买方市场的形成,因此市场竞争的焦点往往集中在产品的质量上,行业之间的竞争逐渐发展到产品质量方面的竞争。在对产品的性能进行评估时,计量标准能够帮助人们得到更加准确的测试结果。因此,从某种程度上来看,计量测试工作的水准直接决定了产品的质量。要以数据为导向进行生产,监控工艺过程,确保成品质量,这样质量才能获得真正的保障。无论是产品的质量,还是对工艺流程的有效控制,以及获取精准的数据,这些都离不开精准的计量。计量是增强产品质量的核心手段。在现代化生产中,为了确保产品的质量能够满足需求,必须严格检验整个生产环节。

2. 计量是实现集约化生产的技术基础

计量工作的扎实开展确保了计量检测数据的可靠性,这些数据在企业经营管理和客户服务中发挥着重要作用,涉及生产、供应、销售以

及定额管理和数据统计等多个方面。它们为企业提供决策所需的信息支撑，助力企业深化质量管理与经济效益管理，最终提升企业的经济效益。

计量在确保产品质量、生产过程的质量控制和安全生产方面发挥着关键的技术支持作用，特别是在定制化生产中，它能根据具体需求快速调整生产工艺、制造流程、装配车间和制造参数，确保每个步骤都精准执行，使每个加工环节都能无缝对接后续工序。

（三）贸易

1. 计量是贸易往来的纽带，是公平交易的基础

只有依靠计量技术，超过 80%的贸易活动才能够实现。而相关的测量活动，最少能够检测出工业化国家中 4%的国内生产总值，最多能够检测到 6%。在日常生活中，计量作为贸易交接的必备手段，更是无处不在，一是要关注“一机二器四表”，包括加油机、出租车计价器、各种衡器，以及水、电、气、热计量表，它们构成了强制管理计量器具的主体，占比超过 80%；二是预包装商品的经销；三是市场，比如集贸市场、加油站、餐馆和商店，这些地方与人们的日常生活息息相关。

2. 在国际贸易中，计量工作发挥了举足轻重的作用

在技术创新的帮助下，发达国家能够生产出高质量的产品，同时，借助各种计量检测来限制发展中国家产品的进口，以此来获得丰厚的利润。即使发展中国家提供了自己的计量检测证书，发达国家也会找到各种理由来拒绝。通常情况下，非贸易壁垒指的是一种技术壁垒，多出现于发达国家。譬如，食品安全领域的各个环节，为了精准监测食品生产所用的物质和数量，整个生产过程必须选择特定的仪器，通过合理的方式来进行分析。这些均需借助计量手段来验证，确保所有的量值都能追溯到国家或国际的基准或标准。唯有如此，我们的检测数据才能与世界各地，特别是发达国家的实验室数据相匹配，进而获得国际上的认可。这样做有利于提高检测技术的质量，增强国际贸易中的竞争力，克服技术壁垒，并有效地阻挡高风险进口食品进入国内，如三文鱼

中有害物质含量检测、红酒中的铅含量检测、奶粉中维生素含量检测等，为保证检测结果的国际互认提供技术保证和必要量值溯源条件。

三、对社会管理的规范作用

（一）维护社会秩序

面对即将到来的信息革命、生物革命和智能革命，计量技术的发展将是促进这些领域快速前进的重要驱动力。因此，在未来的发展过程中，计量起到了非常关键的作用。其不仅能够促进科技的发展，而且能够拓宽未来的发展领域。以往计量只出现于幕后，随着社会的发展，其逐渐走向前台，并发挥着越来越重要的作用。

现代社会的治理和秩序的稳定，很大程度上依赖于计量的规范化。举例来说，司法和法律的精确度量、政治策略的科学量化，以及在国家安全、网络防护和公共安全等关键领域的管理，都离不开计量技术的支持。

法制计量的核心是利用法律或政府计量机构的规范，来防止国家和公民受到不精确或不真实测量的影响。它包括对度量单位、测量设备、测量技术及实验室的法律要求，其测量结果必须得到充分的信任。强制监管法制计量必须在法律和技术等方面的允许下，满足政府或者相关机构的需求。这样做的目的是通过法规或合同，公正地完成各个领域的测量活动，确保所有的测量结果更加准确。

（二）规范各行各业

要想规范管理各种自然资源，必须依靠计量。计量技术的使用，让交通运输和水利设施等的管理更加的规范。

近年来，随着人们对环境、食品和农业等问题的关注不断增加，计量检测技术可以提供多样化的环境监测服务，以确保生活质量的提高有可靠的基础。研发集成电路、计算机、激光技术、航天工程、超导材料及纳米科技等高科技领域时，要想得到精准的实验数据，既离不开计量标准,也离不开相关的计量技术。新兴技术的快速发展,不仅让测量技术得到了创新,还促进了计量标准的发展。

所以,从不同的角度来看,现代计量都发挥着非常重要的作用。从20世纪开始,计量基准就发生了改变,以往的计量以实物为标准,而现在则以量子为标准,在此转变过程中,有效地提升了计量的准确性,对未来的计量工作提出了更高的要求。

(三)促进节能环保

从大自然的角度来看,无论是相关数据的分析与统计,还是生态平衡等的监测都必须依靠计量来完成。计量技术不仅能够监测气候的变化,还能够保护环境。

人们在享受现代科学技术带来的文明和社会进步的同时,也面临着噪声、电磁波、空气、水、土壤等生活环境的污染问题。准确的计量工作是每一项环保措施的基础,是环保措施运行的有效保证。

从国家能源和资源的角度来看,相关计量技术的快速发展,一定程度上提升了能源、资源的使用效率,节约了能源、资源,让我国的资源环境得到了保护,进一步促进了生态文明的发展。我国在“十四五”规划期间的目标之一是“单位国内生产总值能源消耗和二氧化碳排放分别降低13.5%,18%主要污染物排放总量持续减少”,在环境监测中,可靠的测量数据至关重要,确保数据质量则需要通过计量基准、计量标准以及计量器具的量值传递和溯源体系来实现。

能源资源计量,也就是生态文明计量,一直是政府计量部门十分重视的核心议题。现今,全球超过90%的能源供应源自一次能源,主要为化石燃料。欧盟计划到2050年将一次能源的替代比例提高到大约50%,我国目前的一次能源替代率仅为10%。依据2021年自然资源部发布的数据,我国拥有约2 079亿吨的可开采煤炭资源,占全球总量的13%,但人均煤炭资源量仅为全球平均水平的67%;原油储量为37亿吨,占全球总量的4%,人均原油资源量为全球平均水平的7.7%。同年,我国GDP总额为115万亿元人民币,每万元GDP消耗的标准煤约为2.7吨。我国GDP占全球比重为18.5%,但能源消耗却高达全球总量的 19.3%。我国在仅占全球 7%的耕地上,依靠仅占全球 7%的水资源、13%的煤炭、4%的石油及 2%的天然气,支撑起了全球 21%的人口,这导致我国面临的资源匮乏形势非常严峻。同时,我们还肩负着一项极为艰巨的节能挑战。到 2025 年,全国 GDP 能源消耗比 2020 年下降 13.5%,能源消费总量得到合理控制,化学需氧量、氨氮、氮氟化物、挥效发性有机物排放总量比 2020 年分别下降 8%、8%、10%以上,10%以上。

建立能源计量器具溯源体系,能够更好地开展节能减排工作,而各种计量平台的建立,则能够更好地监督用能单位的计量设备、计量专业人员及计量数据。

水是生命的源泉、生产的必需、生态的基石,治理国家必须首先治理好水资源,水安全则民众安心。我国的人均水资源相对匮乏,并且分布极为不均。一直以来,人们都认为,水能够无限循环使用,这种情况下就造成了水资源的严重浪费。当前,工作重点就是有效地提升水资源的利用率,让水资源短缺的情况得到一定缓解,严格监管水计量,提升人们的节水意识。基于国家水安全,习近平同志提出了“节水优先、空间均衡、系统治理、两手发力”治水思路。其中,“节水优先”作为核心理念,旨在优化水资源利用效率。这要求我们在技术、管理与规划 3 个方面同步努力,达到科学治理与高效管理的目标。国家相关机构于 2021 年共同公布了《“十四五”节水型社会建设规划》和《关于强化取水口取水监测计量的意见》,前者主要包含了以下几方面的内容:加强动态监控,对原有水量的计量和监测进行改善,进一步指出了取水许可管理的重要性。在取水计量方面,实施严格的管理措施,对水资源的实际利用进行精准的把握,借助统一的计量标准,让所有的取水数据更加的合法和准确,当数据出现问题之后,能够及时找准源头,确保公布的数据更加一致。合理配置现有的资源,并对其进行有效的控制,更好地提升水资源税费的征缴效率。促进节水型社会发展的同时,建设严格的水资源管理体系,以此来促进我国社会和经济的可持续发展。为了保障水资源的发展,在未来的发展过程中,要以节约为主,加强资源的保护,实现资源的优化配置,提高水资源的使用效率,采用科学的方式对其进行管理，将其战略价值充分发挥出来。

（四）保障民生安全

回溯至2011年5月20日的世界计量日，王岐山同志指出，新中国成立开始，我国的计量领域发展非常迅速，尤其是科技创新和全国统一计量制度的建立等方面，其发挥着非常重要的作用。

计量技术在仪器和医疗器械等方面起到了重要的保障作用。在食品方面，计量技术广泛应用于食品生产过程中，确保生产数据的准确性、可靠性以及产品的质量和安全；计量标准对食品质量的保障至关重要，为消费者提供了可靠的保障；计量技术在食品安全检测中发挥着重要作用，确保产品符合相关标准和法规。在医疗器械方面，计量技术在研发和生产中起着关键作用，进行精确的测量和控制，保证产品的稳定性和一致性；计量设备确保了医疗器械测量结果的准确性和可靠性，以给患者提供准确的测量数据；计量监督能够有效监控产品质量，保障公众的健康和安全。

随着人们对高品质生活的追求，身体健康已经成为人们关注的重点。而计量则可以有效地判定食品中各类物质的含量是否符合安全标准。比如2008年的“三聚氰胺”事件，该事件发生之后，为了快速地检测出液态奶中三聚氰胺含量，科研人员研发出了液相色谱法，并将其纳入国家技术标准，从而彻底遏制住了这一事件的继续恶化。

四、对国防军工的支撑作用

（一）计量在古代的军事中发挥着非常重要的作用

《孙子兵法》中记载，在兵法中，度、量、数、称和胜就是一个转化的过程，换言之就是战争动员的过程。而在现代军工国防中，计量既体现在武器装备和兵员素质中，又体现在战争谋略等方面。精准的计量能力也为海陆空以及外太空等领域的发展奠定了基础。而海湾战争中的精确制导技术则验证了这一观点。新中国成立初期，由于战争中使用的武器装备，如枪支、弹药、炮火及车辆等，存在计量单位不一致、精度不足、标准化水平低的问题，这些问题造成了严重的人员伤亡，这种情况下，国家加大了计量工作的开展。当前，我国高性能飞机发动机发展非常迅速，但是在制造方面仍然存在一定的问题，其中的一个主要原因是计量测试技术尚未达到所需的水平。

（二）计量对军工的支持也体现在军民融合方面

一方面，为了满足经济等发展的需求，必须要加强计量技术在民用领域的应用；另一方面，高端计量技术应该首先应用在国防方面，其次才是民用领域，以此来提升国防能力。确保全国计量标准的一致性，以形成协同效应。推动计量领域的军民融合发展，取得更多的实质性成果。

第二节　黄河流域生态保护和高质量发展需要计量的强力支撑

实现碳达峰碳中和的目标，是党中央、国务院根据国内外实际情况作出的关键战略决定，目的是应对资源环境约束问题，确保中华民族的持续发展，并履行中国在全球气候治理方面的承诺。

十八大以来，中共中央、国务院和地方各级政府部门持续发布了一系列政策文件和行动方案，着力推动、保障“双碳”工作的强势推进。一些与“双碳”相关的科研、教育、实验室及平台基地和产业相继诞生。

黄河流域各级政府高度重视“双碳”工作，特别是河南省委、省政府对碳达峰碳中和目标给予了高度重视，通过设立由主要负责同志领导的省碳达峰碳中和工作领导小组，加强了对这些工作的统一指导。同时，黄河流域各级政府又陆续发布了“碳达峰试点建设实施方案”“碳达峰实施方案”《河南省制造业绿色低碳高质量发展三年行动计划（2023—2025 年）》等与碳达峰碳中和相关的方案计划。

响应党中央与国务院关于 2030 年前实现碳达峰、2060 年前达成碳中和的战略部署，需要切实发挥碳计量在推动黄河流域生态保护和高质量发展中的作用。

一、碳计量在推动黄河流域生态保护和高质量发展中的现实意义

以河南省为例，在黄河流域范围内，碳计量在推动生态保护与高质量发展中扮演着至关重要的角色。2022 年，河南省经济发展显著，工业增加值增速居全国第 4 位、中部省份第 1 位。河南省还是中国重要的能源与战略资源中心，也是碳排放精确计量需求尤为迫切的地区。河南省能源行业碳排放占比为 50%以上，特别是钢铁、焦化、铸造、建材、有色、石化、化工、工业涂装这些在河南省经济发展中占比较高的领域，是河南省碳减排的关键领域。2022 年 8 月，河南省政府发布了《河南省“十四五”节能减排综合工作方案》，计划到 2025 年全省单位 GDP 能耗比 2020 年减少 14. 5%以上，这为碳计量工作的开展奠定了基础。

鉴于河南省的工业特点，在发展的过程中，河南省既要面临严格的减排任务，又必须减少碳排放量。从全国的角度来看，河南省能源消耗量和二氧化碳排放量分别排名第 5 和第 4，前者的占比达到了 4. 9%。近年来，河南省改善了原有的能源结构，但是煤炭消费占比在 2020 年依然达到了 67%。此外，河南省的产业结构也存在很大的问题，高耗能产业占据较大的比重，43. 5%的产业都是第二产业。这种情况的形成主要是河南省不仅是重要的攻关地区，还是全国碳减排洼地，要想成功脱碳存在很大的难度。碳计量工作的开展能有效促进河南省碳减排工作的开展。

目前，河南省正在优化产业结构，其中，钢铁和水泥等都属于高碳排放领域。这些产业既要有效地应用低碳技术，又要加快这项技术的研究。同时，全面推进煤炭减量替代和清洁化利用的相关工作，推动可再生能源的高效开发利用，包括风能、氢能、太阳能、地热能和生物质能等。随着能源结构和产业结构的优化，对碳计量工作的技术支撑需求也越来越迫切。

河南省地处中原，靠近京津冀、东南等能源消费需求和计量需求较大的地区，是我国西气东输和南水北调的中心枢纽和重要窗口，也是

“双循环”互相促进发展新格局的纽带区域。在河南省建立国家碳计量中心,开展碳计量研究具有天然的资源优势和雄厚的产业基础,也为培育国内强大的碳计量市场、提升国际话语权提供有力的技术支撑。

二、碳计量发展现状

18 世纪 60 年代开始,全球人口增长非常迅速,经济规模也发生了很大的变化,这些都加快了化石燃料的开采。而化石燃料的大量使用,也加快了地质碳向大气碳的转化,空气中二氧化碳的含量也在不断地提升,进而引发了全球气候变暖。在此背景下,倡导低碳经济已成为主流方向,减少碳排放成为关键任务。只有开展有效的计量工作,才能准确地监测温室气体的排放,进而去核查,并将监测的数据报告给相关部门,通过这样的方式来实现碳达峰碳中和。

碳计量指的是量化碳排放的过程,通过这个过程我们能够获得必要的数据,从这些数据中既能够将节能减排的实际成效呈现出来,又能够对低碳经济的发展状态进行有效的评估。碳计量在我国推进低碳经济的发展过程中,既发挥着尺子的功效,又发挥着眼睛的作用。所以,在此过程中,要想更快地实现节能减排,建立良好的低碳经济体系,必须掌握有效的碳计量方式。

在国际层面上,《2006 年 IPCC[1] 国家温室气体清单指南》等的制定与实施都加强了温室气体的管控,有效地减少了碳排放,加快了温室气体的清除工作。同时监测和评估了全球及各缔约国在实现“双碳”目标方面的进展。IPCC 的方法学体系被认为是目前最为科学、直接且全面的人类活动产生的温室气体排放测量与核算体系。《2006 年 IPCC 国家温室气体清单指南》(2019 修订版)包含了以下几个方面的特征:①在内容上实现了更广泛的覆盖。新增了关于油气从生产到加工、储存运输以及最后逃逸排放的核算方法。同时还涵盖了各种油气排放的核算等。②选择了更加细致的核算方式。IPCC 温室气体清单

[1] IPCC 为联合国政府间气候变化专门委员会。

工作组在发展的过程中，更新了大量的数据，并对现有的核算方式进行了完善，发展监测技术的同时，提升了现有的知识水平，对实施效果进行了有效的监测追踪，同时核算了实际测量的碳计量数据，并且提出了不确定性分析和数据质量控制的新要求。③该指南还强化了利用大气浓度对温室气体的排放量进行逆向估算，并以此为基础，针对相关的技术和方式进行了研究。而这些方式也进一步验证了清单报告的真实性，同时完成了各项数据的对比。④该指南还指出，温室气体和大气污染物之间存在一定的共源性，基于此应该建立相应的清单体系，二者协同作用不仅能够降低碳的排放量，还能够减少对环境的污染，提升治理的效率。

基于“巴厘路线图”，欧洲提出了“可测量、可报告、可检查”的原则，丰富了温室气体的种类，而该原则也被纳入到碳计量行业中。英国是低碳概念与低碳经济理念的先驱，在《气候变化法案》的帮助下，相关部门针对温室气体减排制定了明确的目标。英国于 2008 年发布了《商品和服务在生命周期内的温室气体排放评价规范》（PAS 2050：2008），该规范是一个碳计量标准，由英国环境等部门合作制定，其具有一定的统一性和强制性。PAS 2050：2008 在对产品或者服务的碳排放量进行衡量时，采用的是得到国际广泛认可的生命周期评估方式。截至目前，以 PAS 2050：2008 为标准，全球范围内的多家企业对 75 种产品的碳足迹进行了评估。同样在 2008 年，德国启动了一个由世界自然基金会等机构发起的碳计量试点项目，该项目既包含了电信网络服务产品，又包含了日用品和食品，共有 10 家公司在其中扮演着重要角色。在核算的过程中严格遵循了 ISO 14040 准则。为了完成建筑材料整个生命周期中总碳排放量的量化，德国于 2008 年推出了 DGNB 可持续建筑评估体系。在欧洲，原先二氧化碳排放量的评估主要基于估算技术；如今，已经过渡到了采用直接测量技术，尤其是通过 CEMS 系统（这是一种持续监测大气污染源排放的气体污染物和颗粒物浓度，并即时将数据传送给监管机构的设备，也被称作烟气在线监测系统）来实现直接测量。

加拿大于 1998 年建立了由联邦政府主导、各级政府联合行动的国家气候变化秘书处，这是一个综合架构，既具有管理和决策权，又具备咨询和相关的执行功能。在各级政府的联合作用下，更多的民众开始参与到节能减排活动中，社会各界的广泛宣传为气候变化政策的有效实施奠定了基础。加拿大的林业碳计量模型之所以能够模拟森林管理、分析森林碳储量及其变化，主要是因为其使用了站点尺度框架，在模拟的过程中严格遵循 IPCC 提供的碳计量指导原则。这一模型适用于不同尺度的森林生态系统，从小范围的林地到大范围均可适用。

美国能源信息管理局（EIA）数据的获取既可以通过机构报告，又可以通过各国的统计报告等。对碳排放量进行评估时采用了 IPCC 的标准方式。IPCC 方式同样适用于国际能源署（IEA）。在计算碳排放时，还结合了其他部门的方式。世界资源研究所（WRI）在评估碳排放的过程中，不仅采用了 IPCC 的基准方式，而且还借助了气候分析指标工具。前者是 WRI 的核心方式，后者的基础则是 IPCC 的指导原则。国家温室气体清单小组在衡量碳排放的过程中也采用了 IPCC 推荐的方式。总之，在发布温室气体数据时，IPCC 的基准方式广泛适用于绝大多数的国际组织。同时，各个组织在使用该方式时，结合该国的实际情况作出了适当的调整。温室气体排放报告体系是美国实行的一套体系，具有一定的强制性和统一性。该体系规定，经过第三方机构审核通过之后，企业才能够提交排放报告，而企业上报的相关数据的检查则可以由美国环保局通过线上完成检查。截至目前，美国没有制定强制性的减排计划，具体的减排工作需要在各州政府的主导下按照统一的基础碳计量方式来完成。

我国国务院常务会议经过审议之后，于 2007 年颁布了《中国应对气候变化国家方案》。自此以后，我国的相关部门开始从我国的实际出发，针对碳排放进行了相关的统计和监测。

国家发展和改革委员会于 2011 年颁布了《关于印发升级温室气体清单编制指南（试行）的通知》。在此基础上，经过了长时间的实践与改进，我国的计量体系逐步成型。接下来，从 2013 年开始，直到 2015 年，国家发展和改革委员会先后公布了《国家发展改革委办公厅关于印发第二批 4 个行业企业温室气体排放核算方法与报告指南（试行）

的通知》等 3 项关键通知。目前,3 份文件都是以 IPCC 为基础,从中不仅可以看出我国 24 个行业对于碳排放的相关要求,而且还详细地讲述了相关的计量方式。基于我国温室气体清单框架范围,在不同行业内形成了相应的碳计量体系。详情如下:第一批指南试行行业为发电、电网运营、钢铁生产、化工制造、电解铝生产、镁冶炼、平板玻璃制造、水泥制造、陶瓷制造及民用航空;第二批指南试行行业为石油天然气开采、石油化工、独立焦化及煤炭开采等;第三批指南试行行业为造纸与纸制品制造、其他有色金属冶炼及压延加工、电子设备制造、机械设备制造、矿业、食品烟草及酒等。

全国低碳计量技术委员会成立于 2013 年,目的是研究规范化的碳排放计量技术,并完成相应的推广。为了让制定的技术规范和标准能够满足九字原则,必须制定出标准器具,用于碳和能效的计量。采用这种方式的目的是对我国现有的数据传递等作出改进,确保得出一致性的国家量值,让其更加的准确。我国不仅要大力发展计量体系,而且还应该加强和国际相关单位的交流,进一步研究碳计量学术项目。碳计量是碳交易的基础,目前全球碳市场的趋势是自下而上由各国独立发放配额后形成独立的碳交易体系,建立一套碳计量体系,该体系要具有较强的兼容性和精准性,能够满足世界发展的需求,同时得到全球的公认。该体系既能够促进全球公平的发展,又能够促进全球性碳交易的发展。

中国的碳计量体系正稳定推进。作为联合国气候变化框架公约的非附件缔约方,我国需要在规定的时间内提交相关的国家信息通报,有效地履行国际义务。同时还应该通过自己的方式将气候变化采取的相关措施等讲述出来,具体表现在以下方面:2004 年提交了《中华人民共和国气候变化初始国家信息通报》,2012 年提交了《中华人民共和国气候变化第二次国家信息通报》,2017 年提交了《中华人民共和国气候变化第一次两年更新报告》,2019 年提交了《中华人民共和国气候变化第三次国家信息通报》和《中华人民共和国气候变化第二次两年更新报告》;1994 年、2005 年、2010 年和 2014 年等温室气体排放数据在这些文件中得到了充分的体现。在最新的通报里,政府间气候变化专门委员会针对相关的指导原则进行了更新，随之改变的就是国家温室气体不同年度的气体清单编制方式。第三次信息通报回算了2005年国家温室气体清单，通过这样的方式既保证了不同年份国家温室气体清单数据的可比性，又保证了其一致性，从中也可以看出在应对气候变化这一工作中，我国积极配合联合国气候变化框架公约开展的工作，并始终保持严谨负责的态度。

国家市场监督管理总局联合其他8个部门，于2022年底发布了《建立健全碳达峰碳中和标准计量体系实施方案》（简称《实施方案》）。在“1+N”政策体系中，该方案起到了非常关键的作用。它详细制定了24项核心任务、5项关键工程及4项行动计划，全方位部署了“双碳”标准计量体系的建设工作。《实施方案》主要研究以下方面的内容：碳排放的计量测试方式；行业及领域内的用能设施。为了得到更加准确和统一的碳排放监测数据，可以进一步提升监测计量技术。同时通过有效的研究，让精准的碳计量成为可能。为了促进碳市场的发展，建立完善的国家碳标准体系等，必须充分地使用碳计量技术，将计量的基础性作用充分地体现出来。通过这样的方式来实现“双碳”目标，帮助国家获取更加准确的碳数据。

为了提升碳数据的国际可信度，让其能够在国际上相互兼容，必须对现有的碳计量国家标准体系进行完善，提升其全球影响力，基于直接测量，建立相应的核算报告国家标准，从国家层面出发，制定统一性的测量和核算方式。同时，促进国家质量基础设施（NQI）的融合发展，以充分发挥计量在全产业链中的最大效能。

三、黄河流域区域性碳计量发展的研究内容及方向

（一）碳中和标准化研究

碳排放基础通用标准是实现碳达峰碳中和目标的关键支撑。需推动碳排放术语、分类以及碳信息透明化的基础标准制定。持续改进覆盖地区、行业、企业和产品的多级碳排放监测、核算、报告与验证标准体

系。探索构建重点产品生命周期内的碳足迹标准,同时制定涉及绿色低碳产品、企业、产业园区和技术的综合评价标准。开发重点行业的温室气体排放标准,并研究不同应用场景下的碳达峰与碳中和规划、实施与评估的通用标准。此外,还应构建完整的碳计量基准、计量标准和标准物质体系,只有这样才能够得到具有一致性的测量与核算方式,让现有的碳数据得到国际的认可,在执行的过程中,有效地贯彻基础的核算报告国家标准。在对比国家的碳数据时,要积极地参与,既要发展国际碳市场,又要积极地发展国内碳市场,确保我国企业的合法权益不会受到损害。基于此框架,我国不仅要参与制定相关领域的国际标准,又要完成相关的修订,同时还要完成国际方面的技术任务。为了加强国际之间的交流,可以积极地引进碳足迹和碳核算等先进的国际标准,以深化与国际碳市场的对接,并增强谈判能力。

开展碳排放交易相关标准和规范的制定与修订,涵盖碳排放额度的分配、调整、结算及抵消机制的标准规范,以及重点排放行业的应用指南。将构建和优化信息披露的标准,并探讨碳排放交易的操作规程、交易机构及其从业人员的标准要求。推动温室气体减排交易相关标准的制定与修订,确立合格减排量及抵消项目的标准。与此同时,拓展环境权益融资工具,制定绿色能源消费相关的核算、监测与评估标准。

(二)碳中和计量技术研究

着力推进关键共性计量技术的研究,尤其是在绿色低碳领域的重要技术。目标是攻克基础关键参数的精准测量难题。研究范围涵盖碳计量方法学、碳排放因子的确定、碳排放的在线监测技术、碳汇管理、碳捕获利用与存储技术、区域综合能源利用效率的评估、城市时空碳排放计量监测与反演分析、全生命周期的碳计量以及碳排放测量的不确定性评估方法。此外,也将加强碳计量监测设备与校准装置的研发与应用,推动计量工具朝着智能化、数字化和网络化的方向发展。

深入研究基础前沿计量技术,特别是基于量子效应和物理常数的量子传感技术和碳计量技术。探索在线、动态和远程量值传递溯源技术及其精密测量的应用,同时建立相应的标准体系,并对其进行完善。

研究高精度测量仪器的同时，也要对核心的组件进行研发。加强复杂环境下、复杂基质中多组分混合物的碳计量标准物质的开发，并构建碳计量标准参考数据库。研究碳排放监测计量技术，改进碳排放测量方法，从而提升碳排放测量与监测的能力和水平。

重点推进碳计量技术在关键领域的研发工作，特别是煤炭、石油、天然气、电力、钢铁、有色金属、石化化工等领域，有助于推动绿色低碳发展。从重点行业的角度来看，既要研究完成系统碳排放测试方式，又要对其用能设施进行研究。为了得到准确和统一的碳排放数据，还必须加强对连续在线监测技术的研究。同时，对于已经成熟的领域，通过相应的技术引导，完成碳计量的转变。

构建稳固的温室气体监测基础。基于温室气体和辐射监测，加强对精密测量技术的研究与应用。为了让温室气体量值传递溯源体系更加完善，还应该加强相关设备计量方式的研究。排放计量监测技术的研究既要涵盖移动污染源，又要涵盖固定排放源。增强碳计量技术的研发能力和数据处理能力，涵盖数据采集、分析、评估及应用等方面。制定规范的计量技术，以此来完成在线设备的校准，选择合理的参数测量方式等，推进不同区域、行业、企业碳排放测量。

（三）碳中和认证认可研究

从 3 个层面（认证评价、能力认可、基础工具）出发，基于碳减排的现状，以 4 大领域（能源、工业、交通运输、建筑领域）为核心，参考发达国家的经验，并结合行业特点，旨在建立一个既符合国际规范又能适应国内实际情况及发展阶段的碳排放与减排认证认可体系。这一体系必须包含认证和监督执行体系等内容，从实际出发将这些体系融合到一起，形成一个国家级认证认可架构。从组织、产品、项目和技术等 4 个层面选择典型对象开展碳排放认证认可示范。顺应时代趋势，在实现碳中和目标的背景下，通过碳中和认证，提升产品附加值、树立企业社会责任和形象。

（四）碳中和检验检测研究

提升碳排放检测体系的质量，增强碳排放量监控的能力与效果。推进跨行业的典型能源设备与系统的碳排放量测试方法研究，并构建碳排放基准数据库。开展基于激光雷达、区域和城市尺度反演、卫星遥感等的碳排放测量技术研究与应用，研究综合能源系统等测量技术的同时，还应该对其在不同领域的应用展开相应的研究。无论是生态系统的度量体系，还是碳汇监测体系，都应该进一步得到完善。加大度量测试技术在碳足迹评估方面的应用。开展温室气体浓度监测及关键领域排放检测的相关研究，通过不同的手段收集研究中所需要的各种数据。按照国家主管机关发布的温室气体排放核算方法与报告指南及相关要求，审查重点排放单位（或其他经济实体）提交的年度排放报告、监测计划和补充数据表。

（五）碳中和监测数据应用研究

围绕能源计量器具智能化和校准模式创新、基于元素分析法的碳排放计量技术和能源计量与大数据技术融合应用开展研究。基于碳监测数据，建立相应的信息平台，以此来完成信息的存储、系统的收集和分析。努力推动各类监测部门、科研机构与企业之间监测数据的共享，并通过高效整合这些数据来拓宽其覆盖范围。建立一个体系用于碳排放数据和官方排放因子的记录、管理和定期更新。采用多源数据间的相互验证，以增强大数据的应用效果。无论是碳排放的智能化检测，还是预警系统等方面，该项技术的应用研究都起到了非常关键的作用。碳计量标准参考数据能够应用于各个行业，作为“数字测量基准”，使用该数据能够实现精准测量，减少不必要的测量。

（六）双碳政策与管理研究

碳中和经济政策与管理研究内容：评估碳的社会成本、设计碳定价策略和监管机制、构建碳减排产业的组织结构、建立绿色金融激励机制、协调宏观经济周期与碳减排目标的关系，以及确保碳减排过程中的社会公正。针对我国碳达峰碳中和的重大决策需求，围绕低碳技术、政策和管理方面的重大理论与实践问题，开展高水平的理论与应用研究，汇聚和培养优秀人才，并举办高端学术交流活动，旨在促进河南省乃至全国范围内关于碳监测和低碳经济的研究进展，为河南省乃至全国实现碳达峰、碳中和以及经济高质量发展提供有力的理论支持。

（七）绿色低碳技术研究

研究该项技术的目的是完成标准物质的同步研制工作，在研究精准测量方式的同时，完成相关技术的研究。加强研究光伏等领域的计量技术，以及其在新能源汽车、温室气体转化和交直流输配电智能传感等方面的应用。同时，研究天然气等品质计量测试技术，促进综合能源与能效智能化感知等技术的应用。以绿色低碳发展为目标，开展石化产品碳排放计量技术研究与应用，聚焦低碳能源技术，着力攻克碳循环与绿色能源利用中的科学难题，为绿色碳科学导向的绿色低碳能源体系构建提供解决方案。具体针对太阳能光热利用、氢能相关产品、生物质气化燃烧和生物柴油、热管热泵和热电联产、低温余热利用、建筑环境智能化及节能、风能利用系统及设备油气工程热能利用等相关产业开展节能减排技术研究。围绕风电和光伏发电全产业链条，开展关键装备和系统的设计、制造、维护、废弃后回收利用等标准的修订。建立覆盖从生产到使用各环节的氢能标准体系，加速完善海洋能、地热能、核能、生物质能、水力发电等领域的标准体系，推进多能互补、综合能源服务等标准的研制。

（八）节能减排相关技术研究

构建技术研发服务平台，着重推进节能减排技术标准示范项目的建设。特别关注工业领域绿色升级、园区能效提升、城市节能改造、交通物流减排、农村农业节能、公共机构效能提升、关键区域污染减排、煤炭清洁高效利用、环保基础设施水平提升等领域的进展。围绕资源高效循环利用，积极研发替代技术、减量化技术、再利用技术、资源化技术及系统集成技术等关键技术，突破制约循环经济发展的技术壁垒。加强节能基础共性标准的制定与更新工作。快速推进节能标准的升级，实现污染减排与碳排放的协同控制，迅速完成一系列能耗限额和产品设备能效强制性国家标准的制定与修订。提升重要产品的能耗限额要求，并扩大能耗限额标准的覆盖范围。完善能源核算、检测认证、评价与审计等配套标准体系。推动系统节能、能量回收、能量系统优化、高效节能设备、能源管理体系、节能监测控制、能源绩效评估、能源计量、区域能源等节能共性技术的研发。

第三章

计量在推动黄河流域生态保护和高质量发展中存在的问题

随着科技发展和经济全球化步伐的加快，面对国内改革开放发展的新形势，尤其是面对黄河流域生态保护和高质量发展的要求，计量工作发展稍显迟缓，仍存在不少问题需要解决，主要表现在对计量的重要性认知度不够、对计量的发展前瞻性认识不够、产业计量发展需提升、计量管理水平还需提高等方面。

第一节　对计量的重要性认知度不够

一、计量宣传不够

国家将“5·20世界计量日”确定为国家法定节日，该节目的确定对计量的宣传起到了一定的帮助作用，然而，计量知识的普及力度尚显不足，其广度与深度需要进一步加强。无论是政府机关还是公众，对计量的重要性认知度仍不够充分，关注度也相对较低。比如：行政机关、企事业单位、社会大众只是模糊地认为计量仅仅是传统意义上对尺斗秤的测量工作，没有充分认识到在新时代发展征程上计量服务于军事、航空航天、新材料等高精尖技术领域的重要性和不可或缺性，对食品安全、环境安全、产品质量等其他检验检测行业起到的基础的技术支撑作用，并且对法制计量单位使用的不正确、不规范等。

二、重视程度不够

计量是国家重要战略资源，也是确保国家完整统一的基础。法定计量技术机构是计量领域的骨干力量，对于确保计量系统的稳定、完整和有效运行至关重要。根据《计量法实施细则》的要求，国家应当有计划地促进计量事业的发展，运用现代计量技术来装备各级计量技术机构，为社会主义现代化建设、工农业生产、国防建设、科学研究、国际贸易与国内贸易以及公众健康与安全提供可靠的计量保障，维护国家与公民的合法权益。各级市场监管部门应当注重计量技术机构的发展建设,并积极获取地方政府以及发改、财政、科技、工信等相关部门的合作与支持。确保对计量基础设施进行持续、有效和稳定的资金投入,以推动计量技术机构的持续稳定发展。随着检验检测技术机构的不断深化改革,某些技术机构因未得到地方政府的充分重视,在资源配置与政策扶持方面缺乏足够的支持,导致部分计量工作者的工作积极性不高、机构活力不够,影响了计量工作的开展,这种情况限制了计量工作在一体化国家战略体系中发挥其关键支撑作用的能力。

三、资金保障不到位

2017 年 4 月 1 日,计量强制检定费用停征后,国家要求地方政府足额保障计量强制检定费用,但部分地方政府未能把强制检定费用足额纳入政府预算,政府公共财政投入不足,致使部分计量技术机构在标准建设、设备购置维护、人员培训、人才引进、基础运行等方面存在资金缺口,造成工作开展存在困难,存在量传溯源链断裂的危险,对构建数据可靠、体系完整的社会公平公正诚信体系造成了影响。

第二节　对计量的发展前瞻性认识不够

一、基础建设相对滞后

习近平总书记强调,黄河流域生态保护和高质量发展是一项重大的国家战略。我们应当共同努力,加强生态保护,协同推进综合治理,重点提升生态修复管理水平、保障黄河长久安宁、促进全流域经济健康发展、提高人民生活水平、传承弘扬黄河文化,让黄河成为造福人民的幸福河。

依据国务院发布的《黄河流域生态保护和高质量发展规划纲要》,该区域的战略定位与具体指导原则得以明确。当前,区域内各层级法定计量技术机构在支撑黄河流域生态保护和高质量发展方面的服务能力存在明显欠缺,比如:在现代先进测量体系的建设方面投入虽逐年增加,但还未能完全满足区域经济进步与生态保育的需求;在数字化转型进程中,以及在国家级和省级产业计量测试中心、省级计量重点实验室的建立方面进展较为滞后;对于环境监测所依赖的社会公用计量标准的更新迭代和标准物质的研发运用,仍需加大实施力度。

二、人才队伍相对薄弱

人员综合素质还无法满足建设黄河流域生态保护和高质量发展在科技创新方面的需求。高精尖计量人才的培养、引进受限于机构待遇、岗位等问题,对高层次技术人才吸引力不大。就法定计量技术机构而言,单位性质兼顾了法制性、公益性和科研性,缺乏对职称评审等的倾斜性政策,受职称、职数限制和历史因素影响,高职称人才比例偏少。以某法定计量机构为例,高级职称人员受职数限制比例偏低,正高人数仅有 20 人,副高 36 人中有 20 人满足正高评审基本条件,中级 42 人中有 35 人满足副高评审基本条件,编外人员职称职数也存在此情况,人才积压较为严重,按照建设国家级、省级产业中心建设条件对高职院所人数的硬性指标要求,目前空缺正高 9 人、副高 17 人,已经影响到了事业的发展和科研人员干事创业的积极性。

三、计量发展与战略发展规划对接还不够紧密

中共中央、国务院出台的《黄河流域生态保护和高质量发展规划纲要》明确指出,要坚持量水而行、节水优先的原则,并提出黄河流域最大的威胁是洪水。这就要求计量技术在支撑黄河流域生态保护和高质量发展中要精准施测。目前,以卫星遥感、人工智能、水利为主计量产业布局在围绕黄河流域生态保护和高质量发展中体现得还明显不够,造成以计量技术手段在开展节水、环境监测等方面的作用发挥不够。

第三节　产业计量发展需提升

中共中央、国务院发布的《黄河流域生态保护和高质量发展规划纲要》指出，黄河流域肩负着成为大江大河治理典范、国家安全关键防线、高质量发展试验田和中华文化传承重要平台的战略使命，呼吁加速新旧动能转换，推动制造业高质量发展和资源型产业转型，形成特色鲜明的现代产业体系；加强科技创新的支持力度，优化并增强农牧业，建设全国重要的能源生产基地，加快培育战略性新兴产业和先进制造业。计量支持黄河流域生态保护和高质量发展的能力还需进一步提升。

一、计量基础建设与产业发展需求有差距

目前，黄河流域各省份受原有产业结构影响，产业计量基础建设主要服务于本地原有产业。随着产业结构调整，原有的计量基础无法满足新兴产业对计量的需求。

二、计量基础建设无法满足产业发展速度

随着我国科学技术的不断进步和黄河流域市场需求的增大，新兴产业发展速度较快，部分中小规模产业建设、生产周期能在 1~2 年内完成。而计量基础建设普遍周期较长，国家级、省级产业计量中心从论证到实际运转需要 2~5 年时间，在产业发展前期对计量技术的需求存在空档期。

三、计量业务与产业发展存在一定程度的脱节

黄河流域产业结构发展整体较沿海发达省份发展要慢，计量业务长期的工作习惯限定在计量器具的检定、校准工作上，与产品研制生产及用户的使用体验等环节脱节；2020 年以来，虽然黄河流域各省份建

立了厅局级计量工作联席会,但工业主管部门与计量主管部门协同还存在困难,导致很少能将计量作为重要工作纳入到产业发展的规划中,加上工业、企业对计量工作的理解片面,普遍以事后计量保障为主,无法在研制生产中起到保障计量数据准确的作用。

第四节 计量管理水平还需提高

随着我国对计量“放管服”改革力度的不断加大和事业单位改革进程的推进,我国已经废除了6项计量领域的行政许可,其中包括制造及修理计量器具许可、进口计量器具售前检定等。这一措施显著降低了企业的制度性交易成本,提升了市场活力,同时也为深化供给侧结构性改革和改善商业环境打下了坚实的基础,但也让黄河流域计量管理水平面临严峻的考验。

一、计量科技创新缺乏中长期的技术政策

从目前黄河流域各省份计量行业情况来看,缺乏计量技术发展与当地产业、经济发展相符的中长期规划和引导,造成计量技术创新滞后于其他行业发展;另外,计量技术创新成果的转换和运用较慢,对计量技术服务民生、经济造成困难。

二、诚信计量体系有待健全

目前,计量校准市场监管无法律依据,监管难度大,部分校准机构场地、仪器设备、技术力量较薄弱,个别校准机构工作中未严格执行校准规范,甚至弄虚作假,出具虚假报告,扰乱校准市场。需要尽快建立以经营者的自我承诺为主、以政府指导与社会监督为辅的诚信计量运行机制,促进行业协会与社会团体参与到诚信计量体系的建设中来,充分利用市场机制的优势,试验推行计量校准机构的自我声明公开制度,并广泛实施生产企业的计量保证能力和自我声明制度,以此来加速诚

信计量体系的发展。

三、事中事后监管需进一步加强

事中事后监管体系还不够健全,计量执法存在力度不够、盲区等薄弱环节,计量法律法规建设滞后于经济发展,计量测量体系不健全、能力不足,存在检不了、检不全等问题,不能完全跟上经济高质量发展的步伐。比如,定量包装商品净含量、能效标识问题,目前的专项监督检查覆盖率还比较低,导致有些企业长期缺乏监管,质量问题比较突出,有必要扩展"双随机、一公开"检查的范围,增强事中事后的监管效能。

第五节　黄河流域碳计量发展存在的问题

碳计量是一个技术要求高、应用场景复杂的领域,涉及多维度的过程参数。当前,在这个领域我国面临的重大难题如下。

一、碳计量所需标准制定修订滞后

当前仍未形成一套全面的碳计量框架体系,缺失实用性强的测试方法和程序。具体而言,标准化工作的统筹协调机制还不够完善。虽然各部门、各行业对推动"双碳"标准化工作表现出高度热情,并提出了多个国家级及行业级标准制定提案,但在这些提案中出现了项目重复、内容界定不清等问题。技术研发与标准化进程不够同步,相关政策与现有标准未能良好对接,由于标准制定周期较长,造成了政策与标准之间的不一致情况。在标准实施方面也缺乏统一规划,"双碳"工作牵涉众多部门,标准制定呈现出部门割裂的现象,在实施过程中出现了各自独立运作的问题。目前,碳排放相关标准主要涉及碳排放基础通用标准、碳清除标准、碳减排标准及碳市场标准 4 个重要类别。该标准涉及农、林、牧、副、渔、公共、民生等多个领域,为各个领域的产业迭代升级提供了指向性的目标。从这里就可以看出,碳排放标准的核算与我国的全方位发展息息相关，其对我国的全方位发展都能够起到一定的推动作用，因此建立一套相对完善统一的规范化标准亟待解决。到2025年基本完成“双碳”标准计量体系建设的目标仍面临挑战。

二、碳计量技术创新能力不足，计量技术是“双碳”目标的底层驱动

计量技术在碳排放测量、能源评估及自然资源与环境监控等领域发挥着重要作用，但因为缺乏全球一致认可的测量标准与方法，数据的准确性受到了限制。计量技术对于碳排放、减排、清除及市场化机制的标准制定具有关键作用，它构成了检验检测工作的重要技术基础，并且在促进国家质量基础设施（NQI）高效运行中承担核心功能。然而，当前的专用碳计量仪器设备技术相对落后，研发和应用之间的差距明显，特别是在现场检测和在线监控方面，这些专用智能设备的精度和稳定性较差，难以满足复杂现场环境的要求。

三、碳计量测算体系可操作性有待提高

目前，尚未形成一套综合直接测量与间接估算的碳排放统计监测系统，这使得碳排放数据的完整性、准确性和一致性面临挑战。当前的碳计量测试涵盖多项参数，某些测试需要实验室与现场检测共同完成，但由于现场环境条件的变化和检测周期较长，这影响了测量数据结果的可靠性。目前，全国性的碳交易市场已步入正轨，正逐步走向完善，随着更多企业加入碳排放削减的行列中，碳交易市场显示出日趋成熟的态势。然而，在实际践行过程中，碳交易核算标准则存在严重的不足，具体表现在：具体的核查体系不够完善，导致与之相关的工作无法持续稳定地进行下去；具体核算的指向性不强，碳计量的实际价值无法充分发挥出来。

四、碳计量制度有待完善

黄河流域相关区域性碳计量政策研究工作起步较晚,全社会的碳计量观念薄弱。另外,温室气体计量相关政策制定和技术标准中未对排放企业提出明确的计量要求,这种状况导致企业在管理温室气体排放方面重视程度不够,计量的基础作用未能得到充分发挥。因此,推进温室气体排放、吸收、捕集及存储等活动的相关制度建设显得至关重要。

结合发达国家的经验做法,要确保计量在低碳社会建设中的质量技术基础作用得到体现,需要建立起能源资源消耗的管理制度和碳排放的第三方监测机制,并推动研发创新的碳汇量监测技术。为此,我国迫切需要建立和完善碳排放计量审查制度,同时加强重点排放单位的碳计量要求。

碳计量专业队伍的基础相对薄弱,主要表现在人员配置不足、技能经验欠缺等方面,加之碳计量理论与实践培训不足,这些因素都制约了相关人员能力素质的提升。

碳计量业务作为一项新近兴起的计量领域,涵盖了对标准法规、政策文件、碳排放量的确定、计量技术、审核流程及碳市场交易等众多知识领域的掌握。目前,从业者所具备的传统计量专业技能尚不能满足碳计量的新要求,迫切需要培养一支精通碳计量的专业团队。

五、企业计量领域重视不够

节能减排企业专注于满足基础碳排放合规方面,计量能力的提升并未与企业生产的步伐保持一致。一些企业在追求最大化投资回报和经济利益的同时,未能充分重视计量能力的提升,这导致了计量基础设施的不稳固,进而影响了企业对碳排放进行有效测量、报告和审核的能力。同时,部分企业在计量管理体系建设方面也存在不足,计量管理制度不健全,不能充分发挥碳排放企业的节能降碳主体责任。

六、社会对计量工作认识不足

计量工作已经广泛应用于社会各个领域,其重要性程度是显而易见的。但是,由于宣传力度不足,全社会对计量工作的重视程度不够,计量工作无法得到社会的普遍关注和认可,使得计量工作的开展有一定阻碍。鉴于此,必须不断强化对计量工作的宣传,尤其是普及相关的法律法规知识。这样做可以提高社会各界对计量工作重要性的认识,进而确保计量工作质量,促进该项工作的长足有效发展。

第四章

充分发挥计量在推动黄河流域生态保护和高质量发展中作用的对策与建议

自党的十八大以来，习近平总书记多次到沿黄各省调研，实地考察黄河流域生态保护和高质量发展状况，并提出了重要的指导和要求。计量技术对于黄河流域生态保护和高质量发展至关重要，由于它涵盖的领域宽泛且协调工作复杂，需要大量的资源投入，因此我们应确定具体问题，并从战略角度提高重视。为此，需建立适用于黄河流域的管理体系，并优化协调机制，以确保各项工作的有序开展，进而为黄河流域生态保护和高质量发展提供更稳固的支持。

第一节　加强顶层规划设计，科学谋划计量发展

2021 年 10 月 8 日，《黄河流域生态保护和高质量发展规划纲要》由中共中央、国务院共同颁布，明确要求各地区各部门要结合自身情况切实抓好贯彻执行。《黄河流域生态保护和高质量发展规划纲要》对指导未来黄河流域生态保护和高质量发展具有重要指导意义，是一部重要的基础性文件，也是发挥计量作用，制定和实施计量相关规划方案、政策措施和开展相关工作的重要依据。

一、完善计量法规制度

做好国家计量法律、法规贯彻落实工作，紧跟改革步伐，加快修订完善《计量法》和《计量法实施细则》，指导流域各省及时制定和修订省内计量监督管理条例。由国家计量管理部门或指定黄河流域相关省级计量管理部门牵头制定黄河流域生态保护相关的能源资源计量、环境计量等立法工作，完善行业计量规章及规范性文件，加强配套制度建设，形成上下协调、统一完善的计量法规体系，满足黄河流域生态保护和高质量发展需求。

二、抓好新一轮计量发展规划实施

2021 年 12 月 31 日，国务院发布了《计量发展规划（2021—2035

年)》,这是国务院继2013年后再度发布计量领域的中长期规划,显示了国家对计量事业的持续重视。规划开篇指出,计量是构建一体化国家战略体系和能力的重要支撑,这一论述重申了计量工作的重要地位,并为新时代计量事业的发展设定了目标,致力于增强计量能力和提升服务水平。计量事业因新规划的发布而迎来发展机遇。这一规划不仅明确了计量领域如何更好地服务于黄河流域生态保护和高质量发展,并且为实施这一国家级战略提供了具体方向和实施路径。因此,流域内的各省市应当把握住这次机会,细化国务院《计量发展规划(2021—2035年)》的具体实施方案,聚焦于提升发展质量和效益的核心目标,并将黄河流域生态保护和高质量发展视为重点任务,细化具体的实施内容和计划,科学筹划计量工作,为实现高质量发展提供有力支撑。

三、优化计量产业布局

黄河流域规划覆盖了黄河干支流流经的青海、四川、甘肃、宁夏、内蒙古、山西、陕西、河南、山东9个省(区)和相关的县级行政区,整个区域面积大约130万平方公里。据2019年的统计数据,该区域的总人口约为1.6亿人。由于各地区经济发展基础的不同,计量产业发展整体呈"东强西弱"的态势,以检验检测机构数量为例,根据2022年度公开数据统计,检验检测机构数量排在前十位的省依次为广东省(4 612家)、山东省(3 885家)、江苏省(3 876家)、河南省(3 087家)、河北省(2 557家)、四川省(2 512家)、浙江省(2 323家)、云南省(2 039家)、陕西省(1 935家)、湖南省(1 864家)。以上10个省的检验检测机构数量占全国总量的54.37%,其中黄河流域的山东、河南、山西分别排第2、第4和第9,流域各省计量产业的发展布局也基本与检验检测机构的分布情况相一致。

黄河流域各省应围绕"一带一路"倡议建设,加强物流配送、物联网、电子商务、航空安全、航空科技等产业的计量技术服务保障。加强沿黄各省的协作配合,按照高质量发展战略规划,应当共同建立沿黄省市间的计量技术支持协作网络,以形成高效、有序且协作的计量服务环境。

四、引导计量发展供给

深入探究国际计量单位制的量子变革,并广泛普及其重要性,强化量子计量与传感等先进测量技术、方法的研究与应用,合理调配沿黄省市的计量资源,科学规划量传溯源体系的发展,全面提升沿黄区域计量技术机构的量传溯源能力。加强粮食食品安全、节能减排、环境保护等重点领域的社会公用计量标准建设,提速数据流等关键量值以及温室气体、水资源、粮食、能源资源等重要对象的追溯与校准能力。出台引导性鼓励产业政策,促进计量器具产业和计量检测设备、仪器仪表研究开发,推动整个计量工业发展。建立计量产业研发共享资源体系,加强计量技术创新平台建设,组建地方仪器仪表行业性标准化技术委员会,促进形成计量产业产生和发展。

第二节 优化量传溯源体系,提高基础计量服务能力

量传溯源体系是体现计量发展水平的重要标志。提升黄河流域计量服务与保障能力,应以满足黄河流域生态保护和高质量发展共性需求为出发点,突出抓好 4 个体系建设。

一、构建生态保护计量管理服务体系

按照《黄河流域生态保护和高质量发展规划纲要》的规定,针对沿黄区域的水源保护与生态修复、黄河上游冰川群保护、环境共同保护与水污染协同治理等要求,建立一体化的计量管理服务体系。增强水利部黄河水利委员会在全流域生态保护中的作用,构建中央统一指导、部门间协同合作、地方具体落实、各方面有效衔接的生态保护计量管理服务机制,确保统一规划、政策一致、生态保护行动同步及综合监管执法,实现对黄河干支流监管的全覆盖。深化流域管理机构改革,推行政事

分开、事企分开、管办分离,赋予沿黄各省(区)更多的生态建设、环境保护、节约用水等管理职能,实现流域治理权责一致。

二、构建区域产业计量服务支撑体系

以推进黄河流域高质量发展为目标,围绕沿黄区域内产业转型升级和经济结构战略性调整,着眼于沿黄区域的发展,重点推进高技术产业与战略性新兴产业的成长,比如新一代智能终端、电子核心部件、智能制造装备等,并且同步推进现代服务业和现代农业的发展。借助特色产业聚集区、经济技术开发区、高新技术产业开发区及海关特殊监管区的平台,建设国家级和省级产业计量测试中心,并创建产学研创新融合基地。这一策略的目标是提升计量配套服务的能力,激发产业集聚区的创新活力和发展潜力。针对10个新兴制造业领域,例如新能源汽车及其智能化、智能电力和新能源装备、生物医药、尼龙及化工新材料等,进一步加强具有鲜明产业特色的量值传递技术的研究,强化关键领域的关键参数的测量技术研发,推进产品全生命周期、全产业链的计量技术研究。同时,加大专业测量与测试设备研发力度,助推这些产业的发展,合力构建一个结构合理、技术先进、安全环保、附加值高的沿黄区域产业发展带。

三、构建能源资源计量服务体系

借助沿黄省市已有的国家城市能源计量中心,快速推进大中型城市的能源资源计量中心建设,依托能源资源计量管理与服务平台,形成一个多层次、全方位的能源计量服务网络,为政府决策提供权威且准确的能源资源计量数据,促进节能管理的高效,向公众提供专业能源资源计量技术支持。同时,同步加强能效标识计量检测基地的建设,为节能减排实施有效的在线监测。

四、构建企业计量检测管理体系

加大沿黄区域内企业计量技术基础建设扶持力度，有效摸排计量发展情况，鼓励企业建立符合要求的计量测试实验室和创新研发中心。出台文件，要求新建企业、新上项目等要将计量检测设施与其他基础设施同时设计、同时施工、同时投入使用。健全企业计量测量管理体系分类指导制度，倡导大型企业根据国际标准构建完善的计量测量管理体系，帮助中小企业优化计量检测方法和管理制度，从而全面提升企业的计量管理水平。

第三节　改革计量管理模式，促进计量产业科学发展

一、转变计量管理理念

要改变倚重过程管理、轻视结果质量监督，倚重资格资质、轻视行为过程监控，倚重行政计划管理、轻视市场竞争调节等的不足，强制检定工作的重心需从“重监督、轻管理”调整到“重管理、轻监督”。找到“严格依法行政”与“维护企业权益”的交汇点，实现管理与服务的融合。不仅要作为企业的“监督员”，更要成为企业的贴心服务提供者。

二、强化计量监督执法

提升全流域计量监督执法效能，建立健全跨区域、跨部门的共同协同执法构架，保障相关职能工作的顺利进行。建立完善的计量类突发事件的应急处理预案，让执法人员能够按照该预案行之有效地处理各种执法过程中的突发事件。地方政府在这方面更是任重而道远，需要设定具体的目标，严格按照目标执行。加快计量信息化建设步伐，提升

信息化管理效率,加强市场监管主体的功能。市场监管部门作为牵头单位,联合发改、工信、环保、交通等部门,建立重点行业强制检定计量器具的监督检查机制,突出对涉及医疗健康、环境保护、食品安全、交通运输、安全防护和贸易结算等领域的强检计量器具的监管。坚决打击计量违法行为,保护公众利益,促进社会和谐稳定。

三、推进诚信计量建设

参照《服务业诚信计量监督管理制度建设指南》,建立诚信计量档案系统,实施诚信计量分类管理,创建诚信计量信用信息的收集与发布机制及计量失信黑名单制度,采取诚信奖励与失信惩戒措施。一方面,加强计量技术机构的诚信监管,构建信誉评价体系,加大对其的审查力度,从而提升整体服务质量。另一方面,强化企业的计量诚信意识,组织“计量惠民生、诚信促和谐”的活动,培育诚信计量示范单位,强化经营者的主体责任。

第四节　不断总结改革经验,稳步推进计量机构改革

随着市场经济体制改革的逐步深化,加快计量检测机构的整合和改革,构建适应市场发展的计量服务体系已刻不容缓,要充分借鉴省市计量机构改革经验教训,根据政府职能转变和事业单位改革的需要,严格落实政事分开、事企分开的要求,稳妥推进计量技术机构的改革。

一、强化法定计量检定机构的基础保障地位

计量技术机构是维护国家单位制统一和量值准确的关键技术支撑,在推动科技进步、确保市场公平、促进产业发展和质量提升等核心经济领域发挥着基础性的作用和支持,在职能定位和工作对象等方面均不同于其他的产品类检验机构。坚定计量的法制性、公益性、强制性

保障地位,保持计量技术机构的系统性、完整性和独立性是法定计量技术机构改革的基本要求。

2021 年 10 月 22 日,首届全国计量工作部际联席会议在北京召开,会议强调了要深入领会中央的战略意图,认清计量工作在新时代的历史使命,加快构建协调一致的计量工作体系,在与国家重大战略部署相呼应中展现其价值和作用。国家市场监督管理总局于 2021 年 10 月 27 日颁布了《市场监管总局关于促进市场监管系统计量技术机构深化改革和创新发展的指导意见》(国市监计量发〔2021〕68 号),该文件指出,在改革过程中,要尽量考虑保持计量体系的独立性和完整性,确保国家量值的统一和安全,推动国家各项法定计量职责的有效履行,以保障和改善民生、推进经济快速发展。

要建立适应市场发展需求的计量服务组织架构,综合运用沿黄各省(区)的计量技术资源,涵盖现有计量技术机构、专业计量站点、行业内部的计量技术组织,以及企事业单位中的计量技术力量,应与主体功能区的规划相协调,旨在强化计量技术服务与保障的能力,并构建一个以公益性质的计量服务机构为中坚力量、其他地方性计量技术机构为补充的计量服务组织架构,提升黄河流域计量检测整体水平,提高服务高质量发展的能力。

二、建立以国企为主体、其他计量机构为补充的市场化计量服务供给

计量如同检验检测,是战略性新兴产业的一环,反映了新技术革命和产业升级的趋势,它是中国培养新发展动力、获取未来竞争优势的核心领域,对于稳定经济增长、调整产业结构、促进转型与改善民生具有重要意义,必须进一步优化产业布局、推进专业化整合、集约化发展。从 2020—2022 年核酸检测机构情况来看,强化计量检测机构的国有属性,体现国企担当是重要的经验总结。国企检测作为检验检测体系的主力军和科研创新的骨干力量,应加大支持力度,加快国有企业性质检验检测机构的优化布局和结构调整,鼓励区域性检验检测机构跨地域发展,深化现代企业制度,优化企业法人治理结构,采取积极的混合所

有制改革策略，以提升国有资本的配置和运作效率，促使国有性质的检验检测机构成为行业领先者，实现业务规模和综合实力的显著增长，培育“专精特新”和“单项冠军”企业，尽快形成体系化布局。同时，推动并协助民营的计量检测机构在专业领域内持续增强其服务质量，作为官方计量验证机构和国家企业计量检测的有益增补，携手提升计量服务的市场供应能力，促进企业壮大。

三、加强计量机构的监督管理

政府要出台监督管理法规，加强对计量市场的监督管理，有计划、有步骤地放开计量检测市场，规范和引导社会上的专业计量技术服务机构为企业提供信得过的计量检测服务。发改、财政、科技、人力资源和社会保障等部门要制定相应的价格、投资、财政、科技及人才支持政策，为计量检测机构的改革发展提供支持和保障，免除后顾之忧。

科技部门要及时把握产业演化发展新业态、新模式，加大对计量检测机构科研创新的支持，鼓励他们与知名高校、科研机构、标准制定机构及认证认可机构加强协作，积极探索新兴产业发展方向，增强产业主导力和核心竞争力，加快培养“专精特新”与“单项冠军”企业，创建世界级的产品、服务和品牌，积极响应国家重要战略，在建设现代化产业体系和发展新格局中，发挥科技创新、产业引领和安全保障的关键作用。

参 考 文 献

[1] 杨博文. 习近平新发展理念下碳达峰、碳中和目标战略实现的系统思维、经济理路与科学路径[J]. 经济学家,2021(9):5-12.

[2] 黄峰. 黄河流域生态保护和高质量发展专家解读与研讨会召开[J]. 人民黄河,2019,41(12):2.

[3] 金凤君. 黄河流域生态保护与高质量发展的协调推进策略[J]. 改革,2019(11):33-39.

[4] 习近平. 在黄河流域生态保护和高质量发展座谈会上的讲话[J]. 中国水利,2019(20):1-3.

[5] 吴慧,上官绪明. 环境规制和产业升级对黄河流域经济高质量发展的影响[J]. 人民黄河,2021,43(9):14-19.

[6] 霍婧,赵卫东. 对黄河流域现代煤化工产业绿色低碳发展的建议[J]. 科技中国,2021(8):22-24.

[7] 孙斌,徐渭. 黄河流域城市化与生态环境耦合协调研究综述[J]. 科技和产业,2021,21(1):61-66.

[8] 白泉. 生态文明建设进入以节能降碳为战略重点的新阶段[J]. 中国能源,2021,43(8):6-9.

[9] 宋梅,常力月,郝旭光. 长江中游城市群碳压力时空演化格局及驱动因素分析[J]. 环境经济研究,2021,6(2):23-40.

[10] 马远,刘真真. 黄河流域土地利用碳排放的时空演变及影响因素研究[J]. 生态经济,2021,37(7):35-43.

[11] 李寒冰, 金晓斌, 韩博, 等. “双碳”目标下全域土地综合整治的学理研究与实践路径[J]. 地理研究,2022,41(12):3164-3182.

[12] 李迅. “双碳”战略下的城市发展路径思考[J]. 城市发展研究,2022,29(8):1-11.

[13] 王灿, 张九天. 碳达峰碳中和迈向新发展路径[M]. 北京:中共中央党校出版社,2021.

[14] 李梦程,李琪,王成新,等. 黄河流域人地协调高质量发展时空演变及其影响因素研究[J]. 干旱区资源与环境,2022,36(2):1-8.

[15] 彭近新. 全球绿色低碳发展与中国发展方式转型[J]. 环境科学与技术，2012,35(1)：1-12.

[16] 吕倩. 中国能源消费碳排放时空演变特征及减排策略研究[D]. 北京：中国矿业大学，2020.

[17] 孙久文，崔雅琪，张皓. 黄河流域城市群生态保护与经济发展耦合的时空格局与机制分析[J]. 自然资源学报，2022,37(7)：1673-1690.

[18] 刘华军，乔列成，郭立祥. 减污降碳协同推进与中国 3E 绩效 [J]. 财经研究，2022,48(9)：4-17,78.

[19] 黄承梁. 论习近平生态文明思想历史自然的形成和发展[J]. 中国人口·资源与环境，2019,29(12)：1-8.

[20] 潘家华. 压缩碳排放峰值 加速迈向净零碳[J]. 环境经济研究，2020,5(4)：1-10.

[21] 刘兆彬. 关于大计量战略的思考：计量地位与作用初探[J]. 中国计量，2018(2)：5-19.

[22] 王晓伟. 适应新形势 迎接新挑战 发挥计量在高质量发展中的基础支撑作用：法定计量技术机构发展思考[J]. 中国计量，2020(4)：30-32.

[23] 张云. 国际单位制变革与计量法治完善研究：兼论 2018 年《计量法》(修订稿送审稿)的修改[J]. 中国计量，2021(6)：22-26.

[24] 吴学强. 发展生活性服务业促进产业转型升级[N]. 福州日报，2019-11-11(004).